数据科学的方法与应用丛书

样本量确定理论的研究

杜子芳 著

科学出版社

北京

内 容 简 介

本书全面地介绍了各种常见统计应用场景下的样本量确定方法，重点讨论了样本量确定的原理，弥补了已有统计学在这方面的不足。特别地，在统计学领域内首次介绍了分布估计和建模等应用场景中的样本量确定方法，填补了空白。

本书瞄准的读者对象包括统计学专业本科高年级的在校大学生、硕士研究生和博士研究生，从事研究的专业人士以及各行各业处理实务的高层次人士。

图书在版编目（CIP）数据

样本量确定理论的研究 / 杜子芳著. -- 北京 : 科学出版社, 2025. 3. --（数据科学的方法与应用丛书）. -- ISBN 978-7-03-081434-0

Ⅰ. O212

中国国家版本馆 CIP 数据核字第 2025G6J129 号

责任编辑：徐　倩 / 责任校对：姜丽策

责任印制：张　伟 / 封面设计：有道设计

科学出版社 出版

北京东黄城根北街 16 号

邮政编码：100717

http://www.sciencep.com

北京建宏印刷有限公司印刷

科学出版社发行　各地新华书店经销

*

2025 年 3 月第　一　版　开本：720×1000　1/16

2025 年 3 月第一次印刷　印张：7

字数：141 000

定价：108.00 元

（如有印装质量问题，我社负责调换）

“数据科学的方法与应用丛书”序

伴随着大数据时代的发展，数据采集、存储和处理能力获得极大提升，数据驱动型决策成为各领域的制胜法宝，数据科学逐渐成为重要发展方向。数据科学以不同领域知识为基础，结合统计学与信息科学的方法、系统和过程，通过分析结构化或非结构化数据提供客观世界的洞察。另外，作为数据科学发展的基础与原型，统计学为数据科学方法提供了基于随机变量的数据描述、建模思路和理论保障。

数据科学具有广泛的应用领域，从政府治理看，政府部门积累的海量数据资产，有待进一步开发，提高治理效能、打造数字政府是数据科学时代下政府治理创新的新路径；从企业发展看，在数字经济发展的浪潮下，数据已成为重要的基础性战略资源，数据科学方法的运用也已成为企业制胜的关键，以数据科学驱动企业发展，是助力企业在数据科学时代下长期向好发展的有效“利器”；从个人生活看，通过运用数据科学方法分析与个体相关联的数据，可以挖掘个人选择偏好，跟踪个人行为轨迹，为个体提供更加精准的个性化服务，满足个体的多元价值需求。当然，数据科学方法的应用价值远不止于此，医学、金融、生态等多个领域都有数据科学方法的应用痕迹。

一直以来，中国人民大学统计学院坚持“以统计与数据科学为引领，理论方法与应用实践研究并重”的“一体两翼”发展思路，集中优势力量，把握统计与数据科学发展的时代脉搏。本次组织编撰“数据科学的方法与应用丛书”，旨在从不同角度讨论数据科学的理论、原理及方法，促进交流、引发思考，为方法研究者与实践分析者提供参考，实现数据科学方法的有效应用与价值转化。

数据科学的方法与应用包罗万象，本丛书无法面面俱到。希望通过本丛书的尝试与探索，为创新推进“一体两翼”的发展模式提供良好的范式。期待与更多的研究者携手并进，共同为数据科学方法与应用的发展贡献力量。

“数据科学的方法与应用丛书”编委会

2021年10月

“数据科学的方法与应用丛书”序

前　　言

统计学有两大目标：一是研究如何利用一个已有随机样本的数据进行总体分布或分布特征（参数一般是分布特征的函数）的估计或推断，一旦获得这些估计，便通过统计计算（大致根据区间求概率，或根据概率求区间），结合专业科学知识解决一些具体的应用问题；二是研究如何设计一个获得随机样本的理论，并结合各种类型的应用场景给出具体方案。针对第一目标的统计学典型应用场景如表 0-1 所示。

表 0-1　针对第一目标的统计学典型应用场景

应用场景	分布类型	参数	分布形态	统计操作
1	已知	已知	$F_0(y,\theta_0)$	统计计算
2	已知	未知	$F_0(y,\theta_0)$	参数估计
3	未知	未知	$F(y,\theta)$	分布估计

大多数的统计学教科书重点都是关注第一个目标的内容，对第二个目标的内容基本不理或另辟一门独立课程（抽样设计与实验设计）。这是令人费解的和本末倒置的。一方面，获得一个随机样本乃是估计或推断的前提；另一方面，在估计或推断的基础理论中，一开始就涉及设计的关键内容——样本量的确定。

然而，缺乏样本量确定的内容介绍也许是当今统计学教科书内容安排上最为严重的缺陷之一。同样普遍的问题是，其焦点集中于第一场景和第二场景，第三场景仅仅是聊备一格罢了，学习者从中根本找不到类似区间估计的系统的分布估计方法，如考虑未知分布类型与参数的分布估计乃是统计学最常见、最重要、最具普遍性的应用场景，这样的安排用荒唐与愚蠢来形容并不为过。对原本应属统计学之有机构成部分，却惨遭边缘化的抽样设计内容的安排更是如此。虽然相比其他场景，参数估计应用场景下的样本量确定理论最为发达，但也只限于单纯以样本均值估计总体均值的狭窄范围，如估计总体方差、协方差、相关系数的相应讨论寥若晨星，至于涉及模型构建的内容更是只字不提，而其他类型场景如统计检验和分布估计的样本量确定方法的介绍则接近空白。样本量确定相关理论教育的落后可能导致一系列错误结果：在公共管理、工业自动化生成等一些领域，要求的样本量大多过大；而在医药医疗研究等一些领域，其样本量则大多不足。样本量畸少可能致使结论不可靠甚至相反，畸多则可能造成无谓的成本损失，正所谓过犹不及。

有鉴于此，作者不揣浅陋，深信愚者千虑，必有一得，凡二十年矢志不渝，拾遗补阙，力求比较全面地介绍不同类型应用场景下的样本量确定问题。限于水平，虽殚精竭虑，疏漏难免，敬希读者不吝指正。

本书不是入门教材，也不是操作手册，是给那些有相当理论造诣以及熟悉普通抽样实务的专业人士提供参考以加深其思考的。

目　　录

第一章 统计学基本知识

统计学严格说只处理统计学数据，并非处理任意数据。统计学数据是特殊的统计数据，统计数据是特殊的数据，数据是特殊的信息。

信息是对客观世界中各种物与事的反映。所谓物是一切有形的东西；所谓事是一切物的存在状态；所谓反映是能够使人类将不同的物与物、事与事区别开来的外在性状。人类通过感觉器官或感知工具实现对这些外在性状的感知，由此达成对物与事的认识。

按信息论的观点，因物与事都是客观的且独立有边界的，故统称为实体。将不同的物与物、事与事区别开来的外在性状虽然也是客观的，却不是独立有边界的，只能附着在实体上，故称为属性。而信息的构成要素是实体和属性，为了强调实体与属性在构成信息时密不可分的关系，将信息定义为实体加属性。

所谓实体是指人们能够清晰感知其边界范围的客观存在。对于人类来说，除了感觉（视觉、听觉、嗅觉、味觉、触觉）器官（眼、耳、鼻、舌和皮肤）、感知工具（温度计、显微镜、望远镜、红外紫外仪器、X 光机以及各种传感器等）具有感知信息的功能之外，想象力也可扮演同样角色。

一些实体是能够通过人类感觉器官特别是视觉和触觉器官直接感知的，如日、月、水、火、山、石、田、土，动物、植物，森林、草原，书房、卧室、餐厅、厕所，床、椅、板凳、家电，以及手机、电脑、充电器等各种产品；这些都是通常所说的看得见或摸得着的实体。

一些实体是通过简单工具或复杂工具间接感知的，如望远镜里的遥远星体，显微镜下的微生物，布朗运动中的微粒，X 光机里的骨骼，电子显微镜下的分子、原子。

还有一些则是通过想象力感知的。例如，地理学家为了便于刻画具体地点所在，在地球上想象出经纬线、几何学的坐标，依此将空间划分为边界清晰的区域或点，这样我们可以想象任何一片土地皆可分成许多规范的网格；古希腊人为了航海辨别位置的需要，将天上星星连接起来，想象成一个个星座；社会学的家庭、居委会、城镇乡村、社区、群体、机构组织；物理学中的质点、流体力学中的流体；商标、专利；行走、奔跑、游泳等动作；理发、修理、家政、医疗、教育、邮政等服务……这些实体的边界客观上并不清楚，需借助思维的主观想象才能清晰化，即所谓想得出的。物理学里时间段和空间区域，以及数学中的定义域、值域等都有想象力的贡献。

所谓属性，是实体的构成组件或附着的特性。其中组件如四肢、五脏、六腑之于人；附着的特性如性别、年龄、学历、品格、身高、体重、血压等之于人。

组件构成实体不可缺少的一部分，是客观存在，不依赖于观察者的主观视角，一旦缺少了组件，实体便不具备其完整功能。例如，一个汉字的笔画，汉语拼音或英语单词的字母，一个汉字词的字，一个成语的字词，一个句子的字词、成语；一个段落的句子，一节的段落，一章的节，一本书的章节；汽车的马达、变速箱、轮胎、车门、天窗和触摸屏；人体的大脑、骨骼、肌肉、手足和五脏、六腑等都是组件。

在不同的视角下，实体的某个组件也可看作独立存在的实体，如一种视角下，轮胎是汽车的组件，但在另一视角下，轮胎又可看作由轮毂、内胎、外胎、气门嘴等组件构成的实体。故组件与实体相似，有些凭借人类的感觉器官即可感知，如视觉器官可以感知实体的一些组件，如汽车的轮胎、方向盘、挡风玻璃，人的五官，汉字的笔画等；而触觉器官可以感知黑暗中的屋子大门、门上的把手。有些则需要工具甚至非常复杂的工具，如 X 光机、电子显微镜、声呐、雷达、监视器等。而少量组件的感知则也需借助思维，如子公司、关联公司、附属机构；交易的条件（离岸价）；行走的双腿动作（彳亍为行）等。

所谓特性，与组件不同，本身完全不能独立存在，只能附着于实体之上。例如，汉字的笔画、拼音字母的多少不能离开汉字和拼音而独立存在；汽车的颜色、自动挡或手动挡、马力、加速性、油耗不能离开汽车而存在；一个人的脸型、发型、身高、肤色等也不能脱离人体而存在。但若人们不关注这些特性也并不影响实体本身的存在。一副扑克牌可以看作红黑两色，可以看作王牌与非王牌，可以看作数字牌、字母牌和图形牌，王牌加四花色；与玩法对应的有将牌与杂牌，有常将牌与普通将牌外加杂牌。成语“皮之不存，毛将焉附？”中，皮是实体，毛即是附着其上的特性。

由是观之，当关注对象为实体时，这些特性和组件都只能附着在实体之上，无法独立存在，所以被统称作属性。

人们使用感觉器官或工具感知到的特性，或者说在人们头脑中所反映的特性称为特征。特征者，特性之外在表现也。凭借这些特征，我们可将不同的实体区分开来，从而帮助我们进行识别、选择与决定。

对于一个实体而言，可能对应着许多属性。对于多个有联系的实体而言，某些特征一致，某些特征不一致。

所谓属性表现是指同一属性在同类实体中不同实体上的外在特征，不同的实体其特征可能不一样；而同类实体是指在某个和某些属性上其表现一致的所有实体构成的集合。同类实体中的各个实体在某个或某些属性上的属性表现相同，而在其他属性上的属性表现则可能不一样。

属性表现或具体属性只与同类实体中的不同实体相联系，正是凭此信息其具有作为区分依据的功用，汉字中的“特”字很好表达了这层意思。属性表现因此也被称为属性水平或属性值。

所有属性中，凡可直接以数值表达的属性称为数量属性，如体重、年龄、价格、长度、时间、里程、销售量、纺织品出口总值等；凡不可直接以数值表达的属性称为质量属性，如性别、籍贯、民族、脸型、所有制、颜色等。数量属性的属性表现为数值，质量属性的属性表现为非数值。数量属性与质量属性是属性的基本分类，也是最重要的分类。

不同的属性其功用不一样。有的可以对由许多实体构成的同类实体集合进行粗略的划分，有的则可在粗略划分的基础上对同类实体集合继续进行进一步的细分。这正像逻辑上认为定义就是从大概念里剜出的小概念一样，经由较多属性的属性水平的一致性来定义同类实体，有着属性越多同类实体的规模越小的规律。这也就是逻辑学里内涵越丰富外延越狭小的道理。

寻找定义同类实体的方法与途径对于科学和知识的产生与形成非常重要，信息的作用就是辨别事物的差异，从而有助于对事物的精准识别，减少错误，避免模糊，降低不确定性。

属性是属性名称和属性表现的融合体，正如信息是实体和属性的融合体一样。因而完整的信息包括实体、属性名称和属性表现三个方面的内容，否则无法发挥辨别事物之差异的作用。身份证号码是一个利用信息消除不确定性的很好的例证。

人们关注的信息在有些场合是单个实体的，在另一些场合是多个实体的；在有些场合是单一属性的，在另一些场合是多个属性的；因而依据实体的多寡和属性的多少，信息可以分为四类（表 1-1）。

表 1-1　信息分类

分类	单一属性	多个属性
单一实体	i类	ii类
多个实体	iii类	iv类

统计与统计学关注的是多个实体特别是很多个实体的场合，所以只关注iii类或iv类信息。

对于多个实体，统计学特别关注其中的同类实体。同类实体的区分是具体情况具体分析与不同情形区别对待的逻辑基础。

一般地，对于同类实体人们关注其四个方面的性质。

（1）属性的数目多少。对于一个特定的同类实体，属性数目少到一个，多到数不清。作为修饰的不同属性可能是平行的，也可能是结合的，如白色的比亚迪轿车，单亲的三口之家。属性数目记为 P。

（2）属性表现的数目多少。对于同类实体的一个特定属性，其属性表现数目少到两个，多到数不清，如性别属性只有两个属性表现；扑克牌的花色属性具有四个属性表现；中国人的民族属性依据现有的规定具有56个；空气中的二氧化碳含量有数不清的属性表现。属性表现也称属性水平或属性值，以Ξ_i记之。

关注属性的多少既取决于客观存在，也取决于主观需要。例如，一个人的实体可能附载着见诸履历表的社会人口学项目或见诸体检表的医学化验项目或见诸人体工程学的人体尺寸项目等，不同专业领域所关注的属性是不同的。

然而，在统计的大多数场合中，人们关注的是多个属性。例如，人力资源数据库中的员工履历表，财务数据库中的员工工资表等，里面涉及的项目都是相应实体的一些属性，有些时候实体属性之多甚至要用众多来形容。

（3）单个实体本身的规模大小。对于若干个不同的同类实体而言，差异很大，小到电子、粒子、细胞、病毒、基因，大到物体、动物、植物、国家、全球、太阳系、银河、可见的宇宙。

（4）同类实体的数目多少。亚洲人多于欧洲人，中国人多于日本人，内地（大陆）同胞多于港澳台同胞。同类实体的数目称为同类实体规模，记为N。

统计和统计学主要针对/关注的是规模大（即包含实体数目多）的同类实体。

假设我们的研究只限于特定的一个同类实体，则信息量（衡量信息的一个指标）与该同类实体所包括的实体个数成正比，也与同类实体被关注的属性个数成正比。除此之外，不同属性的具体表现（又称属性水平）数量不同，有的属性水平较多，凭此可以将同类实体分成许多子集，如按照年龄、身高、收入等属性可把国民分成许多组；有的属性水平较少，凭此只能将同类实体分成少数子集，如按照民族属性只能将中国国民分作56个组，而按照两个水平的性别属性只能将国民分作两组。于是，属性水平的多少也是影响信息量的一个因素，信息量与属性水平数目成正比。

虽然表面上实体本身大小似乎并不影响信息量，但是显然反映一国的情况远复杂于反映一个人或一块土地的情况。实体本身的大小客观上对实体多少具有潜在影响，特别是实体时空范围很大，本身可以细分的情况。

记研究的信息量为I，同类实体的实体个数为N，属性的个数为P，第i个属性的属性水平个数为Ξ_i，则有

$$I = N\sum_{i=1}^{P}\Xi_i$$

在人类活动的各种场合，信息量足够都是正确判断与决策的基础。

统计领域涉及的信息量往往很大。在许多场合，人们往往关注大规模实体的某一个特性，如库布其沙漠的梭梭树数量，新疆产棉区棉花种植面积和棉产量，东北大豆的平均蛋白质含量，深圳市的机器人生产能力，南方产稻区的稻草总量，北京市大气的$PM_{2.5}$浓度，中部地区各省会城市的地区生产总值，荣耀手机某条

生产线一批产品的次品率。

在另外的许多场合，人们往往关注大规模实体的某一些特性，如全国儿童血清里各种维生素（维生素 A、B、C、D、E 和 K）的浓度分布，各地中小学生的体重、身高、近视率、百米奔跑速度和各门课程的考试成绩分布情况，各国诸多竞争力指标，等等。类似库布其沙漠、新疆产棉区、北京市大气和全国儿童等就是实体，具有看得见、摸得着、想得出、边界清晰的特点；而梭梭树数量、棉花种植面积、$PM_{2.5}$浓度和血清维生素浓度分布则是不具象的特性或特征。

沙漠、产棉土地、大气、儿童等都可视为由一些同类的小实体组成的大实体，统计学将由许多个同类小实体构成的实体看作集合，称之为总体；将构成总体的许多小实体看成集合的元素，特别地，如果小实体都不可再分则称为个体。

个体概念强调在研究视角下，本身是最小的或不可再分的。

总体与个体是一对范畴，成对出现且需要相互定义。总体与个体是统计学最基本的概念。总体是由许多个同类个体构成的集合，个体是构成总体的元素。中国公民是全体拥有中华人民共和国国籍人的集合，不管他/她住在地球上的什么地方，属于哪个民族，肤色如何，只要他/她符合公民条件，就是这个集合的元素。这两个概念极其重要，可理论上并不难理解，任何学过集合论者都可轻松学会，在我国，集合论至少是某些中学阶段数学课的内容之一。

从应用角度看，理解总体与个体有时难度很大，因为总体和个体的边界未必都是清晰的。

有些场合总体边界清晰，个体不清晰。例如，一艘石油巨轮里的石油，一列车里的煤炭，公园里的一片草地等。

有些场合个体边界清晰，总体边界不清晰。例如，滇金丝猴种群，天山的雄鹰种群，锡林郭勒草原的草，大兴安岭的树等。个体很好识别，总体不容易识别。

有些场合总体、个体两者都不清晰。例如，黄河泥沙影响海区的水生物调查中，具有水生物的海区不清晰，构成海区的个体也不清晰。地质矿产调查也类似。

有些场合两者都是清晰的。例如，一艘集装箱轮船，工业流水线上的一批产品等。总体清晰，个体也清晰。

总体的形态各种各样。首先有实在总体与抽象总体之分，在上面的例子中，除了总体、个体边界都清晰的场合，出现的大都是实在总体，看得见、摸得着，借助感觉器官即可轻易感知。抽象总体无法通过感觉器官直接感知，但可以通过思维想象出来，如我们可以想象理想的消费者价格指数调查应该是基于交易的。

根据总体的时空分布，总体可以分为时间总体（空间固定的前提下，将总体视为由时间段或时间点构成的集合，属性因时间不同而表现不同，或者说属性随时间变化而变化）、空间总体（时间固定的前提下，将总体视为由空间区域

段或空间点构成的集合，属性因空间不同而表现不同，或者说属性随空间位置变化而变化）和时空变化（将总体视为由时间段或时间点以及空间区域段或空间点交叉组合构成的集合，属性既随时间也随空间变化而变化）。

时间总体有时点总体与时期总体之分，构成时点总体的个体是时点，构成时期总体的个体是时期。在通信的信号传输问题里，总体即是时点总体；而年度 GDP 既可看作由年构成的时点上的属性表现，又可看作一种时期的抽样调查结果的属性表现（正月初二到来年正月初一也是一年）。

空间总体依个体的排列特点，可分线性总体、平面总体、多维立体总体。时间总体多是线性的；空间总体多是平面和立体的；时空总体本质上是“平面”的。

时空总体是形成面板数据的前提，CPI 调查如果看作抽样调查就是四维时空总体：地点维、时间维、产品维、交易维。

总体与个体并非全部都是客观实在，有时还取决于我们观察或研究问题的视角，如将 $N=nK$ 个个体构成的总体，看成 K 个子总体，这些子总体包含 n 个个体。一个具体例子是打桥牌时，52 张牌的一副牌，可以看作 4 手牌，每手 13 张牌构成一个子总体。

为便捷起见，我们约定由许多个体构成的总体为统计总体，简称总体。换言之，统计学限于研究由许多个体构成的总体。

一方面，现实世界包括的人世间的信息是无限的，所以实体和属性也是无限的。“风在吼，马在叫，黄河在咆哮”，我们却不总是能听到。寒来暑往，草长莺飞，白云苍狗，沧海桑田，人们未必关心与注意，我们所感知的只是一部分与人类生存密切相关的信息，其余的我们并不留意和关注。

另一方面，实体种类与数量的繁多、属性数量的繁多以及属性表现的繁多决定了信息表现形式的繁多。限于人类的信息感知能力，目前我们能够感知的信息只有文字、符号、数码、数值、文本、音频、图像、视频等表现形式。因此，统计仅仅对那些功能上可以作为辨识、选择、判断、决策的证据或凭据，形式上是数值或可以数字化的那些信息感兴趣，并称之为数据。

数据中的“数”源于信息的表现形式。数据中的“据”源于信息的实际功用。从形式上说，数据多是数字化的信息；从功能上说，数据多是人类做出判断决策的证据或凭据。

数据原本只包括文字、符号、数码、数字、数值等类型，个体信息量巨大的音频、视频、图像并不包括在内。但随着电子信息技术的发展，现在一些原始类型为文字、图形、图像和声音等传统上不认为是数据的非数字类型的数据，经越来越多的编码后，可转化为计算机能够识别的数据类型。然而数据类型并非统一的或唯一的，也并非所有类型都可完全地数字化，不含任何非数字的成分。纵然能够勉强数字化，也要考虑必要性和成本效益比。例如，各国地图便很难数字化。

很明显，在一个总体之内不论是数量属性还是质量属性，其不同个体的属性表现不可能全部相同，即必定存在不相同的情形。例如，方向分东南西北，时分古往今来，人分男女老少。假如我们以量值表达这些属性表现，则所有个体对应的量值不可能都相等，此时就可用一个变量来表示一个属性。变量的意思是在同一个属性的前提下，不同个体的属性表现或属性值不全都相同，似乎是随个体改变而变化。

为了有别于普通信息，我们将数据中的实体明确区分为个体（或总体），将属性名称改称为变量名称，属性表现改称为变量值。相应地，与总体相联系的同类实体集合的数据称为统计数据。

实体=个体（或总体）

属性=变量

属性水平=属性值=变量值

相应地，一个质量属性可用一个分类变量（其变量值不是数值）表示，一个数量属性可用一个数值变量（其变量值是数值）表示。即与数量属性对应的是数值型变量，简称数值变量；与质量属性对应的是分类型变量，简称分类变量。数值变量的特点是可以自然地直接使用数字表示其变量值；而分类变量的特点是并非自然地可直接使用数字表示其变量值。由于现代科技的发展，几乎任何变量都可以用数字间接表示，如前面提及的编码就是一个用数字间接表示非数值变量的明显例子，再如用身份证号码表示人，数码照片实际上是用海量数字来表示的，也是容易理解的实例。

分类变量=质量属性

数值变量=数量属性

计数针对实体，针对第i类和第iii类信息，针对分类变量

计量针对属性，针对第ii类和第iv类信息，针对数值变量

数值变量在数学上分为离散变量和连续变量，前者一般以整数表示，其定义域为有限或可列的，分类变量都可码化为离散变量；后者一般以实数表示，其定义域为实数轴上的一个连续区间或整个实数空间。板材的强度、燃料的发热量、人体的身高体重、灯泡的寿命、试验地块的积温、观测点空气中的二氧化碳含量其相应的变量值都是连续的，而像产品的合格数量、废品数量、快递包装的破损数、一批电脑的开机不正常台数、发动机叶片内部气孔数、铸件的砂眼数等变量值则是离散的。如果对分类变量进行编码或赋码，可以形式化为离散变量。

连续变量在数学运算上不仅可数、可排序（可序），而且可加、可乘甚至可微、可积；码化为离散变量的分类变量仅仅可数而不可排序，更不可加，其他离散变量介于两者之间，可数也可序或可加但不可积。但是有必要指出的是，就适用场合的广泛性而言，连续变量在统计学中其实比较少见。

统计学更多使用的变量分类是分类变量、顺序变量和数值变量。但在绝大多数场合中，若顺序变量的变量值较少则当作分类变量，若变量值较多则看成数值变量，这样统计学中常规的变量分类是分类变量和数值变量。前者可数、不可序、不可加，后者可数、可序、可加。

离散变量=所有分类变量、顺序变量及部分数值变量，整数，不可积分

连续变量=部分数值变量，实数，可积分

分类变量，整数，可数

数值变量，实数，可加

统计学针对的是个体数量多的总体。“多”的标准并非一个具体的数目，但凡人们限于经费、资源、时间、能力等因素无法对构成总体的所有个体一一进行调查或观测，只能抽取一部分个体实施调查或观测，以实现对总体特征的间接了解，此总体都称为统计总体。

采取随机方式抽取一部分个体实施调查或观测所得的数据则称为统计学数据。

借用集合论的术语，总体是由 N 个个体构成的集合（记为 Ω），个体是构成总体这个集合的元素（记为 ϖ）。从 N 个个体中抽出 n 个个体的动作或过程称为抽样，抽出的 n 个个体构成的集合称为样本（记为 ω）。

所有数据的搜集都是对样本中的个体（样本点）进行的，故统计数据是指由 n 个个体、P 个变量组成的共 n 行 P 列的变量值表，其中 $P\geqslant 1$，$n\leqslant N$。这 $n\times P$ 变量值表连同标题列和标题行，称为统计数据表（表 1-2）。

表 1-2　统计数据表

个体（样品）	变量				
	Y_1	…	Y_j	…	Y_P
$Y_{(1)}$	y_{11}	…	y_{1j}	…	y_{1P}
⋮	⋮		⋮		⋮
$Y_{(i)}$	y_{i1}	…	y_{ij}	…	y_{iP}
⋮	⋮		⋮		⋮
$Y_{(n)}$	y_{n1}	…	y_{nj}	…	y_{nP}

观察这个 $n\times P$ 变量值表，可以发现其中任何一个变量值都是一个个体与一个变量的交汇，即都仅与一个个体和一个变量相联系。

为了行文与数学运算方便，统计学习惯以下面一个 $n \times p$ 矩阵代替统计数据表。其中，p 表示从全部 P 个变量中确定关注并予以观测的变量数目，该矩阵相当于将表 1-2 的行号和列名省略，同时去掉表的行和列的间隔线而得的结果，记为 Y，有时或称为数据集，该矩阵表示如下：

$$\begin{bmatrix} y_{11} & y_{12} & \cdots & y_{1p} \\ y_{21} & y_{22} & \cdots & y_{2p} \\ \vdots & \vdots & & \vdots \\ y_{n1} & y_{n2} & \cdots & y_{np} \end{bmatrix}$$

其中，y_{ij} 表示数据集中第 i 行第 j 列的数据，即变量 y_j 的第 i 个样品对应的变量值。

由于数字是最简单、最方便、最准确的信息表达方式，信息的数字化将有利于满足计算机处理的需要，从而使数据的加工与使用更加方便、快捷、低成本。为此对数据的格式进行严格规定是非常必要的。

需要说明的是，虽然计算机能够识别的数据类型大致相同，但是不同软件程序里的数据类型也可能略有差异，下面是 VB 软件中的数据类型表（表 1-3）。

表 1-3 VB 中的数据类型表

序号	数据类型	介绍
1	数值类型	数值类型分为整数型和实数型两大类。整数型数据是指不带小数部分和指数符号的数。实数型数据（浮点数或实型数）是指带有小数部分的数。 整数型（integer，类型符%）数据在内存中占两个字节（16 位）。十进制整数型数据的取值范围：−32 768～+32 767。 长整型（long，类型符&）数据在内存中占 4 个字节（32 位）。十进制长整型数据的取值范围：−2 147 483 648～+2 147 483 647
2	货币型（currency）	主要用来表示货币值，在内存中占 8 个字节（64 位）。整数部分最多 15 位，可以精确到小数点后 4 位，第五位四舍五入；属于定点实数。 货币型数据的取值范围：−922 337 203 685 447.580 8～922 337 203 685 447.580 7。 货币型数据跟浮点型数据的区别：小数点后的位数是固定的 4 位
3	字节型（byte）	一般用于存储二进制数。字节型数据在内存中占 1 个字节（8 位）。字节型数据的取值范围：0～255
4	日期型（date）	在内存中占 8 个字节，以浮点型数据形式存储。用#括起来放置日期和时间，允许用各种表示日期和时间的格式。 日期型数据的日期表示范围：100 年 1 月 1 日～9999 年 12 月 31 日。 日期型数据的时间表示范围：00:00:00～23:59:59
5	逻辑型（布尔型）（boolean）	逻辑型数据在内存中占 2 个字节，只有两个可能的值：true（真）和 false（假）。若将逻辑型数据转换成数值型数据，则 true（真）为−1，false（假）为 0；当数值型数据转换为逻辑型数据时，非 0 的数据转换为 true，0 转换为 fasle
6	字符串（string）	字符串是一个字符序列，必须用双引号括起来。双引号为分界符，输入和输出时并不显示。字符串中包含字符的个数称为字符串长度。长度为零的字符串称为空字符串，比如“”，引号里面没有任何内容。字符串中包含的字符区分大小写
7	对象数据（object）	对象型数据在内存中占 4 个字节，用以引用应用程序中的对象
8	变体数据（variant）	变体数据是一种特殊数据类型，具有很大的灵活性，可以表示多种数据类型，其最终的类型由赋予它的值来确定

续表

序号	数据类型	介绍
9	用户自定义类型	用户自定义类型特点，这种类型的数据由若干个不同类型的基本数据组成。例如，想同时记录一个学生的学号、姓名、性别、总分，那么可以用自定义类型。 自定义类型由 Type 语句来实现。 格式：Type 自定义类型名 元素名 1 As 类型名 元素名 2 As 类型名 …… 元素名 *n* As 类型名 End Type

总结上述数据类型的内容，可以看出，当我们要把调查结果输入计算机里时，为了节约录入时间、节省存储空间和内存空间、加快处理速度、提高分析精度和便于表达分析结果，最好对每一个变量，指定变量名称和变量标签，选择合适的数据类型，规定合理的数字位数（整数位数）及小数位数，解释说明变量值、缺失值代码及标签，有时还有备注。变量的标签是对变量含义的具体解释，一般要求简洁明快，不倾向使用过多的字节。类似地，变量值的解释又被称为变量值标签。SPSS 统计软件中，在数据表之外还专门设计了独立的变量表。SPSS 变量视图如图 1-1 所示。

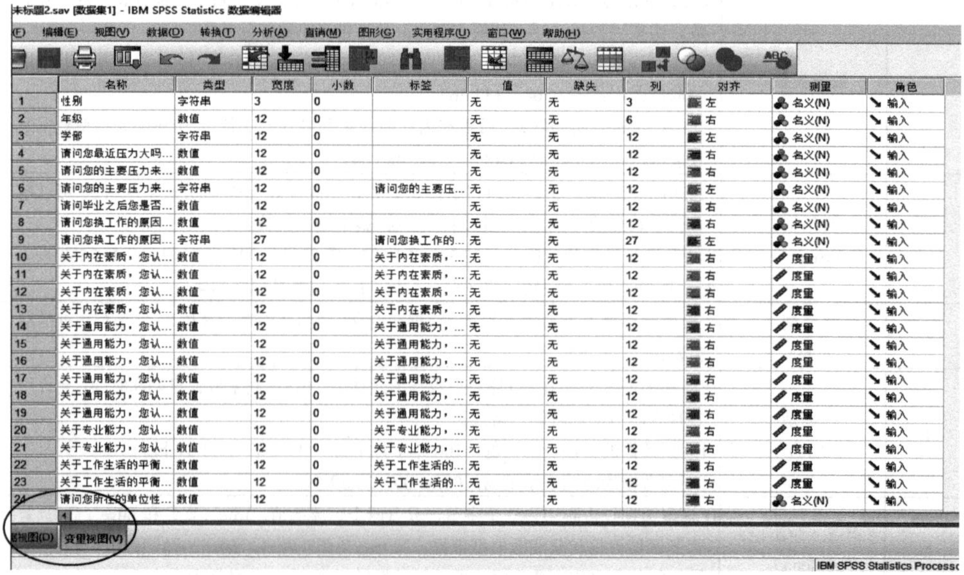

未标题2.sav [数据集1] - IBM SPSS Statistics 数据编辑器

(F)　编辑(E)　视图(V)　数据(D)　转换(T)　分析(A)　直销(M)　图形(G)　实用程序(U)　窗口(W)　帮助(H)

	名称	类型	宽度	小数	标签	值	缺失	列	对齐	测量	角色
1	性别	字符串	3	0		无	无	3	左	名义(N)	输入
2	年级	数值	12	0		无	无	6	右	名义(N)	输入
3	学部	字符串	12	0		无	无	12	左	名义(N)	输入
4	请问您最近压力大吗…	数值	12	0		无	无	12	右	名义(N)	输入
5	请问您的主要压力来…	数值	12	0		无	无	12	右	名义(N)	输入
6	请问您的主要压力来…	字符串	12	0	请问您的主要压…	无	无	12	左	名义(N)	输入
7	请问毕业之后您是否…	数值	12	0		无	无	12	右	名义(N)	输入
8	请问您换工作的原因…	数值	12	0		无	无	12	右	名义(N)	输入
9	请问您换工作的原因…	字符串	27	0	请问您换工作的…	无	无	27	左	名义(N)	输入
10	关于内在素质，您认…	数值	12	0	关于内在素质，…	无	无	12	右	度量	输入
11	关于内在素质，您认…	数值	12	0	关于内在素质，…	无	无	12	右	度量	输入
12	关于内在素质，您认…	数值	12	0	关于内在素质，…	无	无	12	右	度量	输入
13	关于内在素质，您认…	数值	12	0	关于内在素质，…	无	无	12	右	度量	输入
14	关于通用能力，您认…	数值	12	0	关于通用能力，…	无	无	12	右	度量	输入
15	关于通用能力，您认…	数值	12	0	关于通用能力，…	无	无	12	右	度量	输入
16	关于通用能力，您认…	数值	12	0	关于通用能力，…	无	无	12	右	度量	输入
17	关于通用能力，您认…	数值	12	0	关于通用能力，…	无	无	12	右	度量	输入
18	关于通用能力，您认…	数值	12	0	关于通用能力，…	无	无	12	右	度量	输入
19	关于通用能力，您认…	数值	12	0	关于通用能力，…	无	无	12	右	度量	输入
20	关于专业能力，您认…	数值	12	0	关于专业能力，…	无	无	12	右	度量	输入
21	关于专业能力，您认…	数值	12	0	关于专业能力，…	无	无	12	右	度量	输入
22	关于工作生活的平衡…	数值	12	0	关于工作生活的…	无	无	12	右	度量	输入
23	关于工作生活的平衡…	数值	12	0	关于工作生活的…	无	无	12	右	度量	输入
24	请问您所在的单位性…	数值	12	0		无	无	12	右	名义(N)	输入

据视图(D)　变量视图(V)

IBM SPSS Statistics Process

图 1-1　SPSS 变量视图

第一节　统计数据的搜集

统计数据的采集或搜集是一个获得相关变量值的过程或动作，称为统计调查。

统计调查都是对样本中的个体进行的，对应一个个体的所有变量值（统计数据表的一行）称为个体数据，有时也称样品或个案。

调查与“统计”中的“计”实则同义，其本质是获取变量值，有时根据人类的感知途径称为观测。

观测是对选中客体的相关变量进行“赋值”，这种赋值过程又称现场调查。

观者，乃利用人类的视觉、听觉、嗅觉、味觉、触觉等感觉器官获得变量值。其中相对重要的是视觉和听觉，但尤以视觉最为重要，俗话说，眼见为实，耳听为虚。

测者，指借助工具仪器等手段获得变量值。

“统”的意思是由分散到集中，指由个体到样本再到总体的汇总过程。

汇总的本质是将调查到的所有个体及其属性值汇集而后进行整理计算，得到统计数据表或数据集。

统计调查具有八个要素：调查主体、调查客体、调查内容（项目）、调查方法、调查工具、调查准则、调查程序、调查结果。

所谓调查就是调查主体针对调查客体，就调查内容所圈定的属性或变量，采取特定的调查方法，使用相应的调查工具，遵从规定的调查准则和调查程序，采集调查客体中的个体属性值作为调查结果即个体数据的过程或活动。调查（个体数据采集）流程图如图 1-2 所示。

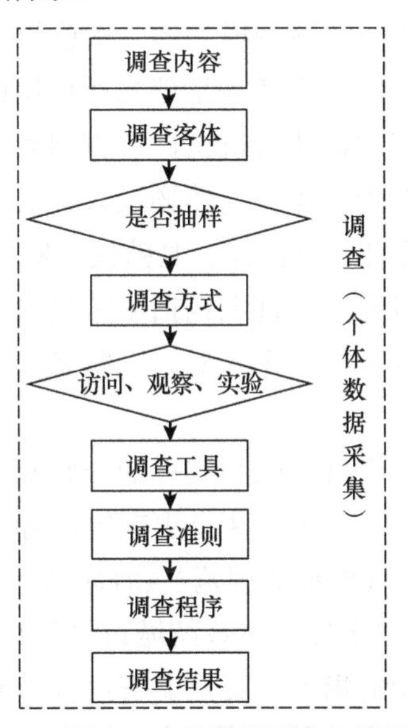

图 1-2　调查（个体数据采集）流程图

很明显，调查主体乃发起或从事个体数据采集的人或由人构成的组织；调查客体即被调查的所有个体；调查内容即变量清单，调查项目即调查内容的展开，是更详细的变量清单；调查方法指选择个体及采集个体属性值的途径；调查工具是采集个体属性值的物化手段，如称重用秤，量高用尺；调查准则是使用工具的前置或约束条件的规定，如测量身高时身体应直立紧贴墙壁，尺子不得弯曲之类的规定，更宏观的有各种国标或规范；调查程序则为调查的步骤规定，也可看作调查准则的延伸与泛化；调查结果即个体数据。

调查主体有三个层次：一是调查活动策划者或发起者；二是组织者；三是执行者。策划者或发起者通常是最终用户；组织者是调查活动的管理者，确定调查目标、调查内容，配置调查资源，安排时间进度等；执行者是调查的实施者，确定调查项目和调查准则，选择调查工具，采集信息，最终获得结果。三个层次的主体彼此的角色划分不是绝对的，某些时候甚至是三合一的。

调查客体是受查者，可能是人，可能是住户，可能是机构，也可能是物、某种自然现象或人为活动。物包括空域、地面（土地、沙漠、森林、水面）、水体、地层、海底、洞穴。人为活动包括实际的活动，如在运动锻炼能否有效降低“三高”（高血脂、高血糖、高血压）的研究中，所调查的是实际的活动，而在袋中摸球的例子中，所调查的是想象的活动及构成活动的动作。只有调查客体才是前面所提及的信息之两个构成要素里的实体，调查主体不属于信息的构成要素，因而不能归于实体范围，除非其出现于另外的调查中且居于客体之位。调查客体有时也指受调查的个体而不限于受调查个体的集合，但调查客体在多数场合中与总体是相同的概念，统计学一般记总体规模为N。从总体中选取个体称为抽样。

调查工具是调查主体中的执行者采集信息所使用的各种工具，假如调查客体属于人或由人所构成与控制的群体与机构，调查问卷、调查表和调查记录表单等常用来记载调查结果；而调查客体是自然物或人为活动时，除了这些表格，还要使用各种试验工具，如温度计、血压计、血糖仪、X 光机、CT 机、监视器、计数器、激光测量仪等各种度量器具，甚至包括非常复杂的设备，如卫星、海洋调查船舶、地质钻探设备、常规飞机、无人机、汽艇等。不难看出，调查工具的选择与调查客体是相关联的。

调查准则是为了确保调查目标顺利实现的一整套规范，包括调查采用或遵循的程序、流程、方法、标准、规则、注意事项等，各个不同领域的调查往往都有自己的专业规范，如《地面气象观测规范》《海洋调查规范》《地质调查规范》《民意、市场和社会调查标准》《全球定位系统城市测量技术规程》《工程测量规范》等。调查准则既是调查活动的指南，又是调查过程透明、调查结果可比的保证，是科学性和规范性的基础与体现。

调查结果是所采集信息的最终表现，主要内容是对应于特定实体之特定属性的具体表现，称为属性值。调查结果是实体、属性及属性值三者的统一体，是三者及其对应关系的记录。属性值的形式因属性不同和实体不同而多种多样，包括数字、文字、图形、图像、声音等人类感觉器官和思维能够辨识的形式。调查结果又称为数据（data），也就是说数据是实体、属性及属性值三位一体的公称。

在计算机时代，由于数字是最简便的储存方式，最便于计算机处理，所以人们千方百计将许多原本不是由数字表达的属性值转化为数字形式。以数字来表达实体、属性和非数字属性值的动作和过程就是数字化（也叫编码），结果称为代码（code），像身份证号码、组织机构代码、产品的条形码、公众号的二维码等都可看作数字化（编码）的例子，将个人组织机构产品和一些愿意向公众传播信息的部门机构用代码区别开来，能够避免重复，易于识别，方便计算机储存与处理。数字化可以表达非常复杂的信息，如人类的面部形状，科学家研究发现，通过寻找面部的特征点，让计算机扫描面部图像，确定特征点，然后比对面部图像的特征点并计算其关系，有助于快速从人群中找到特定人。

有了统计数据表之后，信息量可以使用比特（bit）数准确地计算出来，也可称之为数据量。

理论数据量：$I_l = \sum_{j=1}^{n}\sum_{i=1}^{p} b(T_{ji})$。

实际数据量：$\hat{I}_l = \sum_{j=1}^{n}\sum_{i=1}^{p} b(\hat{T}_{ji})$。

其中，$b\left(T_{ji}\right)$表示以比特数表示的T_i的最大值的位数，理论数据量反映所需的硬件存储空间；$b\left(\hat{T}_{ji}\right)$表示以比特数表示的$T_{ji}$的实际值的位数，当该值为缺失值时，$b\left(\hat{T}_{ji}\right)=0$，实际数据量反映录入工作量。也就是说实际数据量一般用变量数目与变量值的平均位数或字节数的乘积来表示。

数据最小的单位是 bit，按从小到大顺序给出所有单位：bit、byte（字节）、KB（kilobyte，千字节）、MB（megabyte，兆字节）、GB（gigabyte，吉字节）、TB（terabyte，太字节）、PB（petabyte，拍字节）、EB（exabyte，艾字节）、ZB（zettabyte，泽字节）、YB（yottabyte，尧字节）、BB（brontobyte，千亿亿亿字节）、NB（nonabyte，诺字节）、DB（doggabyte，刀字节）。

它们按照进率 1024（2 的十次方）来计算。

1 byte = 8 bit

1 KB = 1 024 byte = 8192 bit

1 MB = 1 024 KB = 1 048 576 byte

1 GB = 1 024 MB = 1 048 576 KB

1 TB = 1 024 GB = 1 048 576 MB

1 PB = 1 024 TB = 1 048 576 GB

---

1 EB = 1 024 PB = 1 048 576 TB
1 ZB = 1 024 EB = 1 048 576 PB
1 YB = 1 024 ZB = 1 048 576 EB
1 BB = 1 024 YB = 1 048 576 ZB
1 NB = 1 024 BB = 1 048 576 YB
1 DB = 1 024 NB = 1 048 576 BB

大数据（big data）原本应是指数据量很大的数据集，具有结构化的、高价值的、符合前述统计调查特征的、人们以较高成本专门记录保存或专门搜集的海量数据，特别是个体数目很大的数据。但当今大数据是指非结构化、非标准化、极难数字化的大规模数据。

第二节　统计调查设计

调查设计和现场调查是统计调查的两个阶段。

一般认为，现场调查方法包括三种方式：访问、观察和实验。

访问是面向人态客体的一问一答的调查方式，使用问卷进行的调查都属于访问。

观察主要是面向物态客体的，但对人态客体的“微服私访”也属观察，观察是理想的调查方法，对调查客体的表现影响甚小甚至没有影响。

实验则是控制一部分环境条件的访问和观察。

抽样与统计的“统”字有关，由分离分散到汇集整合的动作和过程谓之统；现场调查与统计的“计”字有关，对受查个体进行计数和计量谓之“计”。计算样本中某一分类变量所对应的个体数目多少是计数，量纲是个（个体）；测算个体某一变量的变量值，特别是数值变量的变量值的大小是计量。计量结果是变量值，特别地，数值变量的变量值是“数+量纲”，其中量纲与个体及个体个数无关，而数的大小却完全取决于量纲的大小，量纲大，数就小，反之则反。

计数与计量的区别实际上与变量的两种类型有关，对“具有某些分类变量值的个体”进行数目计算即计数，对“对具有数值变量值的个体”则进行计量。即计数针对实体；计量针对属性。

就一个变量而言，一方面，不同个体的变量值未必相同；另一方面，因观测误差无法避免，即使原本应相同的变量值也可能出现不同的调查结果，所以变量是所有变量值的集合。数学里自变量有定义域，因变量有值域，定义域与值域其实都是一个集合，是变量定义中不能缺少的内容。

如果一个变量的变量值来自随机抽样调查，则称为随机变量，统计学理论上只研究随机变量。因此统计学方法与其说是一种特殊的数据处理方法，毋宁说是一种特殊数据的处理方法，更能反映其本质。

调查设计包括调查项目清单、调查表或问卷设计、调查客体确定、是否抽样、具体抽样方式、调查方法、调查工具安排、调查准则制定、调查人员组织、时间、步骤程序、进度安排等内容。调查设计就是选择合适的手段（程序、方法、路径）以高效获得真实、准确、及时、可靠、经济的统计数据，主要内容包括变量设计、抽样设计。

一、变量设计

变量设计是调查设计的最重要阶段。这个阶段解决的是整个调查的战略性问题，确定调查针对的究竟是哪些变量？选择圈定变量清单犹如打靶之前竖起靶标。目标决定手段，只有确定目标后，才能制订实现此目标的方案和手段。

这一阶段包含基于研究视角确定研究目的；基于研究目的确定调查目标；基于调查目标确定调查主题和调查内容，然后再确定调查大纲；基于调查内容确定调查项目四个环环相扣的环节。从其功能上说，调查项目形成了调查数据表的变量名单，而变量名单恰恰是统计信息或统计数据的构成要素。

指标或指标体系的设计即属基于研究视角确定研究目的这一过程，但指标是反映总体的，指标体系是由系统反映总体的一系列指标构成的集合，二者皆不能直接从个体那里采集到指标值，如 GDP 这一反映国家总体的指标不能从企业直接获得，所以指标及其体系与变量是有区别的。调查时，可以直接从个体那里采集到变量值。指标与变量的联系在于，指标通过对变量值的计算得到。

指标与指标体系是调查目标的具体体现和内容展开，其设计主要依据的是研究领域的专业学科知识，统计学数学知识等只起辅助作用。在大多数场合尤其是研究课题比较复杂的场合，指标设计乃是技术含量最高的环节，可能非常烦琐。

指标设计的结果是调查目标得以确定，具备了进入问卷或调查表设计阶段的条件。而问卷设计或调查表设计最重要的一个环节是根据调查目标拟定调查大纲，其余环节无非通过巧妙的方法获得变量值，虽然涉及较多技巧但终究属战术层面，而如何拟定调查大纲解决的是战略问题。

此时要有问卷内容会变成因变量或自变量并据此进行建模的明确意识，拟定调查大纲的过程因而也可以看成一个圈定变量和选择变量的过程，该过程的一个结果是变量数目由 P 变成了 p。这种意识是确定问卷设计思路、打通“任督二脉”的关键，有了便不会出现什么严重的错误，没有则可能错得离谱，导致大的偏差产生。

问卷设计的下一个环节是围绕调查大纲设计变量或能够最终产生变量的题目，构成调查项目的主要内容。在一些场合，一个题目可以直接产生一个变量；

在另一些场合，几个题目才能产生一个变量。同时，虽然变量都来自题目，可并非所有题目都要产生变量，如果产生变量的题目是实的，那么有些题目则是虚的，只用来使访问能够顺利进行下去。就像文学作品的修辞水平高低不在于反映实际情节的实词上，而在于虚词的应用上一样。某种意义上说，这些虚的题目往往是问卷艺术性水平高低的标志。毕竟，遗漏变量特别是重要的控制变量是太低级的错误，在样本容量确定的部分将会看到忽视控制变量的严重后果（并非所有变量都参与而是只有控制变量才参与精度的计算）。

在英语里，统计数据用 statistics 一词表示，该词由两个 state 词根拼成，前一个词根表示国家或邦国，后一个词根表示状态或情况，合起来便是国情或邦情的意思。古今中外的人都明白，政府治国理政必须掌握管辖范围内的重要信息，否则便是春秋时期齐国贤相管仲所说的“不明于计数，而欲举大事，犹无舟楫而欲经于水险也”。在当时的历史条件下，这些信息包括邦国总的土地、人口、兵源、税收、粮食、物资数量以及社情民意。

研究目的决定调查目标，调查目标决定调查内容，调查内容决定调查项目，调查项目属于信息两个构成要素里的属性，其他如调查目标、调查内容等不属于信息要素。

二、抽样设计

总体规模大是统计调查的最显著特点，是统计学之所以产生的首要理由。唯其规模大，才必须抽样；唯其要抽样，才需要估计推断；唯其要估计推断，才有误差的计算与控制，才有统计学。可以说，大规模总体是统计学之土壤，抽样是统计学之根本。

统计调查也因这一特点特别费时、费力、费钱，受限于人力、物力、财力，除非极特别的场合会对总体的全部个体进行信息采集，大多数情况下只能通过抽样抽取一部分个体进行信息采集。

事实上，在以下几种场合里，抽样是非常必要的。

有些场合调查是破坏性的，如灯泡、手机电池等产品寿命的测试实验。

有些场合是经费、时间、精力等条件不允许进行全面调查；有些场合个体差异较小，如流水线上的手机、电脑、家电及其零部件和元器件等的产品质量检验，由于大多自动化程度高，工艺精密稳定，本来就不需要涉及太多个体。

有些场合的调查要求不高，或只是初步试验性的调查。

有些场合调查误差的影响更大，如果资源更多地配置于现场调查环节，集中足够的人力、物力、财力，确保调查精度高，则总的效果更好。

选择部分个体进行信息采集有两种思路：一是根据已知的先验信息选择有代

表性的一个或一些个体；二是不利用任何已知的先验信息任意选择一些个体，称为随机抽样。统计学最重视随机抽样方式。由于随机抽样不利用任何信息，一个样本是否被抽中自然是不确定的。统计学用概率衡量不确定程度，所以随机抽样也称为概率抽样。

不论哪种抽样，都需事先对个体编制标识码再编制排序码。抽样并非直接选择个体，而是首先要选择排序码，如果排序与个体是直接一一对应的，则直接由此找到个体（此时也可看作标识码与排序码合一的情形，对流水线上的产品每隔一些抽出一个进行检验，便是标识码与排序码合一的一个例子），如果不是直接一一对应的，则要再经标识码间接找到个体。

标识码与个体是一一对应的，标识码与排序码一一对应。但标识码往往是出于其他目的而编，非为抽样专设，所以不能直接用于抽样。例如，身份证号码虽然与公民一一对应，但不能直接用来抽样，必须经过编制与其一一对应的排序码，使用排序码才可实施抽样。不过，在大多数情形下，由于几乎任何数据库文件都自带编号，当将标识码信息读入数据库时，相当于可以立即获得一串排序码。抽样可以借助这样的数据库文件进行。

与总体中的个体存在一一对应关系的标识码及排序码形成的数据库文件，相当于一个个体名录或清单，称为抽样框或抽样筐。抽样的最初步骤是在抽样框中进行的。

对于规模不太大的总体，通常可以编制一个统一的抽样框，此时抽样可以通过统一的抽样框针对整个总体进行。当总体规模太大，如本来不存在能够覆盖总体的现成条件总体时，则可先将总体剖分为若干能够覆盖总体的条件总体，然后针对各个条件总体构造各自的抽样框分别进行抽样。

理想的条件总体具有相应变量在一个条件总体内部差异小，不同条件总体之间差异较大的特点。具有这一特点的条件总体称为层或层总体；将总体剖分为层总体的过程称为分层。

例如，在总体的每个层里独立进行抽样，则称为分层抽样。若记层数为 L，则要进行 L 次抽样，这意味着要编制 L 个抽样框，明确 L 个层总体的规模（抽样的前提之一是明确知道总体规模）。

当总体边界不够清晰，有时会像线性代数中的空间变换一样，寻找一个边界清晰的映射总体，然后针对映射总体进行抽样。

抽样框就是一个映射总体。抽样框来自英语词汇 frame 的翻译，从本意上说，称为抽样筐或抽样架也许更贴切，汉语中会说从筐里或架上取些东西，但不会说从框里或框上取东西。具体来说有两类抽样框：目录框和空间框。

目录框最终表现为个体名称或标识码的集合，即列有每个个体名称或标识码的清单，有时人们又俗称为名录库。

空间框是空间格子的名称或标识码的集合，是空间格子的名单，列有每个空间格子名称或标识码的清单，有时又俗称空间库。

通过目录框人们可以直接找到个体，适用场合是个体清晰可辨且容易被找到，故被认为是直接框。当个体不够清晰可辨且不易被找到时，就要采用空间框，借助空间框的空间格子间接找到个体。空间格子可以看作一种空间个体，空间框本质上是空间个体目录框。由于任何信息都有空间属性，而空间可以被认为是固定的，不随时间变化而变动，空间框被视为最终解决方案，没有办法的办法，理论上任何目录框都可用空间框代替，这也许是先贤选择“抽样框”做译名的一个理由，毕竟框与空间连在一起完全说得通。

从抽样角度看，统计调查的所有调查方式可见图 1-3。

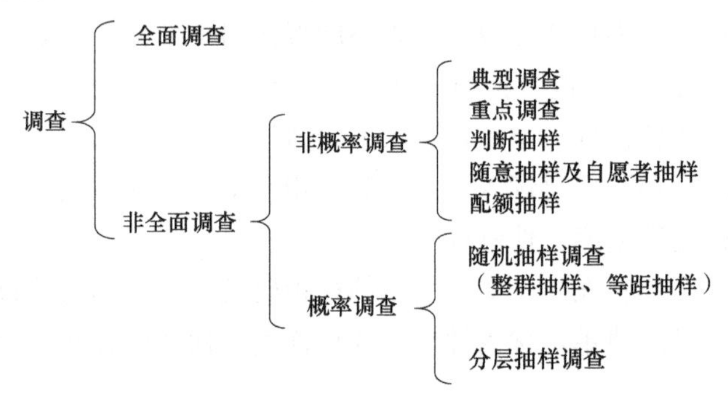

图 1-3　统计调查的所有调查方式

来自随机抽样调查的统计数据表或数据阵，称为统计学数据。统计学设定的前提是随机抽样调查数据，不是的需看作是，因为其逻辑建构在其基础上。

相对于统计数据表，数据阵无疑是一种更简化的表达形式，而分布则是统计数据的一种极简表达方式。

对一个变量而言，其样本分布指的是抽样调查获得的所有变量值（或组）与其对应频率的一揽子表示。其总体分布指的是全面调查获得的所有变量值（或组）与其对应频率的一揽子表示。其中涉及名词的具体计算方式如下。

总体频数：某一变量值（或组）的频数＝总体中对应该变量值（或该组）的个体数。

总体频率：某一变量值（或组）的频率＝总体中对应该变量值（或该组）的个体数/N。

样本频数：某一变量值（或组）的频数＝样本中对应该变量值（或该组）的个体数。

样本频率：某一变量值（或组）的频率＝样本中对应该变量值（或该组）的个体数/n。

总体频率也被误称为概率，不过总体频率含义清晰，概率则比较难以理解。

一个分布究竟是总体分布还是样本分布，取决于调查是全面调查（对构成总体的所有个体都采集变量值）还是抽样调查（仅对构成总体的部分个体采集变量值）。

无论总体分布还是样本分布都可以简化为相应的数据阵，原理在于一个个体只对应一个变量值，但一个变量值可能对应多个个体，见图 1-4。

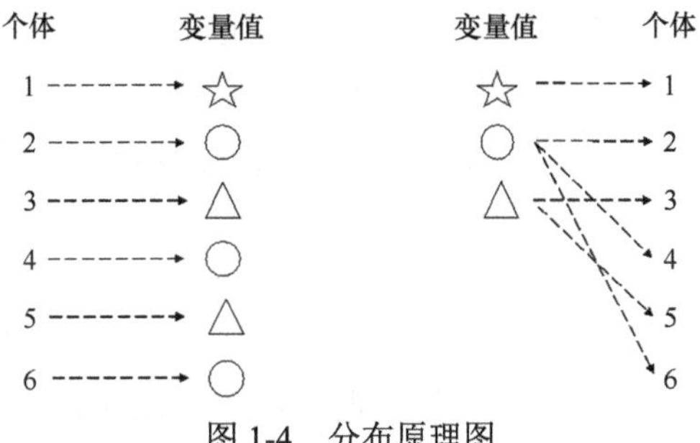

图 1-4　分布原理图

关于分布，读者要特别重视统计学经常提到的条件这个术语。所谓条件就是变量取特定值。例如，在人口研究中，人口调查数据所关注的可能是年龄在 12 岁以下或 65 岁以上的男性；年龄在 60 岁以上的男性和年龄在 55 岁以上的女性；60 岁以上的人及不超过 24 岁的女性；被抽中接受调查者；等等。

在一个总体之内，依据某个变量或某些变量的某个固定取值或某组固定取值的条件，可以分离出一个集合，这个集合是总体这一集合的子集（或称为子总体），其中的个体都满足上述条件，该子集或子总体之外的其他个体均不满足条件，这一总体称为条件总体。

例如，男性中国人是中国人这个总体的一个条件总体，该条件总体的条件是性别值为男性。中国男青年则是由中国人总体中性别为男性，同时年龄段属于青年段的所有中国人构成的一个子总体。

条件变量之外的变量在一个条件总体中的分布称为这些变量的条件分布。例如，0 到 12 岁儿童的性别分布或老年人的身高分布都属于条件分布。

统计学里，满足条件的个体集合称为事件。如果是在总体中考虑问题，事件包含的个体数称为总体频数，其与 N 之比称为事件的总体频率。如果是在样本中考虑问题，则事件包含的个体数称为样本频数，其与 n 之比称为事件的样本频率。

三、分布表的制作步骤

对于一个变量而言，其分布包含了通过调查所得到的全部信息。那么，如何表达一个分布呢？

分布的表达方法有四种：语示法、表示法、图示法和函数法。其中语示法适用于变量值极少的场合（如性别）；表示法用于变量值较少的场合（如年龄段）；

图示法适用范围比较广泛；而函数法也比较通用，但在连续变量的分布表达上最为擅长。表示法与图示法在应用场合中扮演主角，很是常见。

所谓分布的表示法是指使用表格工具表达分布的方法，这样的表称为分布表，其制作步骤如下。

（1）确定变量及其排序规则。首先，确定选取哪些变量制作分布表，考虑是单个变量的分布还是两个变量的联合分布，如果是联合分布必须考虑变量的先后次序；若只有两个变量，则需根据数据位数的多少以及表的载体（如纸张、显示屏、阅表人的视力等）安排两个变量谁置于行的位置、谁置于列的位置。变量名位于首行的是列变量，变量名位于首列的是行变量。

（2）确定变量的变量值排序规则。数值变量比较简单，要么升序，要么降序，多用升序；分类变量比较复杂，一般根据习惯和其他因素进行排列。例如，人名有按姓氏笔画数升序的，有按拼音首字母英文习惯排序的；选举时还有按得票数降序的，若采用淘汰制还有按得票数升序的；作者姓名一般按贡献多少降序。又如，各地的排列顺序有依所属上级政府管制方式及松紧程度的，有按距离首都方位距离的。再如，身份证号码是以籍贯地区编码、生日、相同地区相同生日登记先后、性别等顺序为依据的。

（3）确定是否对变量值进行分组，分组一般不改变原来的变量值顺序。

（4）确定数据的排序规则，依变量顺序，先对第一个变量进行变量值排序，再对第一个变量的第一个变量值的数据依第二个变量进行排序，依次对第一个变量的第二个、第三个直至最后一个变量值的数据依第二个变量进行排序，计算交叉单元格中的数据个数即频数，求频率。

如果是制作样本分布表，以样本及样本量 n 代替总体及总体规模 N，其余所有步骤都是相同的。

例如，毛泽东同志当年在江西寻乌做调查时，整理了当年寻乌县城各业人口比例，如表 1-4 所示。通过对人口分布表进行剖析，可知道该市人口的社会阶层构成情况。

表 1-4　1930 年江西寻乌各业人口比例

行当	人口数	百分比
农民	1620	60
手工业者	297	11
游民	270	10
娼妓	162	6
商人	135	5
政府机关	100	4

续表

行当	人口数	百分比
地主	78	3
宗教徒	22	1
共计	2684	100

资料来源：毛泽东《寻乌调查》，1930年5月

四、分布图的制作步骤

所谓分布的图示法是指使用图形工具表达分布的方法，这样的图称为分布图。

分布图是图示法表现单一随机变量分布的主要手段，虽对于联合分布来说意义似乎不大，但联合分布离不开边缘分布和条件分布，所有边缘分布和部分条件分布都可以通过这些分布图进行表达，故单一变量的分布绝不可轻视。

就单一随机变量分布来说，分布图的制作步骤大致为：将每个变量值（一揽子）按分布表里排定的顺序，依次标于横坐标轴上，然后将每个变量值作为横坐标值，对应的频率作为纵坐标值，确定平面上的一揽子点，以这些点为上边之中点，构造等宽立状矩形，若变量为分类变量，这些等宽立状矩形称为“柱”，相邻的柱之间留有肉眼可见的等宽间隔；若变量为数值变量，这些等宽立状矩形称为“直方”，相邻的直方之间不留间隔；前者形成的分布图称为柱状图，后者称为直方图。

将柱状顺时针旋转 90°，称为条形图。条形图的绘制利用了一般纸张、手机显示屏纵长横短的物理特性，具有同样的分辨程度。条形图比柱状图可容纳更多的变量值。对直方图也可顺时针旋转 90°，但没有特别的名字。

作为原理性的规定，分类变量的柱状图与条形图，其柱与柱之间、条与条之间必须留有间隔，以突出变量值之间的区别；而由连续的数值变量形成的分组变量，其柱与柱之间、条与条之间必须不留间隔，以突出变量值之间的联系。对于离散数值变量，其变量值较多可不留间隔，较少则可留。

在变量值极少的场合，在一个圆形内，以顶点在圆心的扇形的相对面积（即占整个圆形面积的比例）表示概率大小，以扇形的颜色或其他标记表示对应变量值（既可是分类变量也可是数值变量的值）。这样的图称为饼形图。

对于变量值较多的分类变量，除非出于统计学之外的如艺术美观方面的缘故，不宜采用直方图系列（包括线形图和面积图）表达其分布。

不过，需要注意的是，关于饼形图、柱状图所适用的场合，变量值固然是不宜过多，但更不宜过少，如变量值只有两个，还是不画图仅以语示法表达更好。变量值不多，画面视觉效果好，可以发挥用图示法展示分布一目了然的优点。一

般情况下，整个图示法的第一要点就是“一目了然”四字。然而论文、书籍等纸质出版物因留存时间较久，且读者多为行业内人士，阅读风格是细嚼慢咽，这种情况下，还要谨记图示法的第二要点是“不妨小点”，毕竟任何图本质上都是实物的相似图。

在连续或接近连续的数值变量的变量值极多的场合，直方图的单个矩形宽度接近 0，相当于取消了直方左右边界，将每个直立矩形的上方线段中点以直线或平滑曲线连接而成的图，称为线形图。虽有折线图与平滑曲线图之分，但视觉上的差异不大。由于线形图与中学或大学的函数和微积分课程里的函数作图法别无二致，故不赘述。不同分布图的特点与适用场合如表 1-5 所示。

表 1-5　不同分布图的特点与适用场合

分布图名称	适用变量类型	变量值数目	功能与适用场合	示例
饼形图	分类或分组	极少	表达总体结构，反映分类或分组数目极少的随机变量分布。分类或分组数目一般不宜多于个位数	
柱状图	分类	少	表达总体结构，反映分类数目极少的随机变量分布。比饼形图更能显现不同类别的频率差异。分类数目一般也多于饼形图	
条形图	分类	较少	向右转 90°的、可用来放置更多矩形的柱状图，功能与柱状图完全一样，但可比柱状图反映更多分类的分类变量的分布。条形图利用了一般纸张纵长横短的物理特性	
直方图	数值分组	不多	用矩形的宽度和高度（即面积）来表示分组数值变量分布的图形。由于反映的是数值变量而非分类变量，故矩形间的间隔是 0，这与饼形图相似而与柱状图、条形图不同	
线形图	数值分组	多	宽度等于或接近 0 的特殊的直方图，主要用于表示连续或接近连续的数值变量的分布。取消了直方左右边界，将每个直立矩形的上方线段中点以直线或平滑曲线进行连接而成。包括折线图与平滑曲线图	
面积图	数值分组	多	特殊的线形图，相当于对取消了左右边界的直方图进行了视觉强化的结果	

五、分布的函数表示法

如果随机变量的变量值很多甚至无穷多，则其分布只能采用数学的手段表达。如果 Y 为离散型随机变量，记可能的取值为 $y_1, y_2, y_3, \cdots$ 如果概率

$$P = p_i,\ i = 1, 2, 3, \cdots$$

其中，P 表示概率；p_i 表示第 i 个样本点 y_i 对应的概率值，$0 \leqslant p_i < 1$，且 $\sum p_i = 1$。称上式为离散随机变量 Y 的概率分布或分布律或分布列。

如果 Y 是连续型随机变量，则记变量 Y 的概率为 $P\{Y\}$，对应于变量 Y 的特定取值 y 的频率为

$$P\{Y=y\}$$

假如 y 取遍变量 Y 所有定义域 R_Y 中的值，则变量 Y 的总体分布或概率分布可记为

$$P\{Y=y\},\quad y\in R_Y$$

这种表示法相当于将其视为特殊的离散变量。但由于连续变量的变量值无穷多，这样的表达完全不可行。当 $P\{Y=y\}$ 可以表示为一个函数时，换言之概率是变量值的函数时，才使用分布的函数表示法，此时

$$P\{Y=y\}=F(y),\quad y\in R_Y$$

或者基于统计分组方法，总是以 $Y\leqslant y$ 代替 $Y=y$，这相当于以区间 $-\infty<Y\leqslant y$ 代替 $Y=y$，记变量 Y 的总体分布函数或概率分布函数［又称累积分布函数（cumulative distribution function，CDF），通常简称分布函数或分布］为

$$F_Y(y)=P\{Y\leqslant y\},\quad y\in R_Y$$

$F_Y(y)$ 具有以下性质：

$$0\leqslant F_Y(y)\leqslant 1,\ F_Y(-\infty)=0,\ F_Y(+\infty)=1$$

F_Y 是 y 的不减函数且 F_Y 至多有可列个间断点。

进一步地，使用函数法，将 $P\{Y=y\}$ 表示为某个函数在区间 $(-\infty,y]$ 上的定积分

$$F_Y(y)=P\{Y\leqslant y\}=\int_{-\infty}^{y}f_Y(t)\mathrm{d}t$$

其中，$f_Y(y)$ 满足下列三个条件：

$$f_Y(y)\geqslant 0$$

$$\int_{-\infty}^{+\infty}f_Y(y)\mathrm{d}y=1$$

$$P\{a\leqslant Y\leqslant b\}=\int_{a}^{b}f_Y(y)\mathrm{d}y,\quad \forall a,b\in R_Y$$

称为 Y 的分布密度函数（probability density function，PDF），且在 $F_Y(y)$ 可微的点都有 $f_Y(y)=F_Y'(y)$。

第三节　分布特征

如果说分布是统计数据的最简表示，分布特征则是分布的进一步简化，这种简化不同于数据阵对统计数据表与分布对数据阵的无信息损失的简化，是一种有信息损失的简化。

分布特征是从一个侧面反映分布的性状，即分布的形状特点和其他一些特性。

在这样的意义上，样本分布与总体分布除 n 与 N 以及抽样调查与全面调查的区别外并无二致，所以有时对样本分布与总体分布并不进行严格区分。借助这些特征，我们可以方便了解、描述一个分布，并把这一分布与其他分布加以比较。描述分布及其特征就是描述统计的任务和内容。

要实现对分布的进一步简化与重点描述，分布特征的选择须简明扼要。

要者，紧要重要也。由于统计学关注的是总体，总数、总量与总体有关且最为要紧，对于分类变量是总数，对应调查中的计数；对于数值变量是总量，对应调查中的计量。然而，总数、总量无法通过分布直接发现或展示，只能转而选择一些简捷途径间接实现目标。

在现实中，总数（量）、总量（值）经常混用，但物质形态的通常不叫值，价值形态的不叫数。

明者，清晰明确也。

在漫长的历史上，人们发现总量与均值之间的逻辑联系非常清晰，因总体规模通常已知，总量 Y 可以表示为总体均值的简单函数，即总体均值 $\bar{Y}$ 与总体规模 N 的乘积。

$$Y = \bar{Y} \times N$$

简者，简单直观经济也。

假如分布特征限定以一个值表示，且该值对所有个体最有代表性，则不可不谓之经济，因为相对于多个值而言，该值无疑是最简单、最节约的。其中代表性可以用该分布特征值到各个个体对应的变量值的距离测度。即以距离反映差异，距离之和最短，反映分布特征值与各个个体对应的变量值差异最小。而根据几何知识可知，绝对值距离与欧式平方距离两种形式的距离最为简单。不妨将分布特征值记为 a，则绝对值距离与欧式平方距离的计算方法如下。

（1）绝对值距离：

$$\text{A.D} = \sum_{i=1}^{N} |Y_i - a|$$

不难验证，如果 a 是总体中位数，则各个个体对应的变量值到 a 的绝对值距离最短。

（2）欧氏平方距离：

$$\text{O.D} = \sum_{i=1}^{N} (Y_i - a)^2$$

容易验证，如果 a 是总体均值，则各个个体对应的变量值到 a 的欧氏平方距离最短。之所以用欧氏平方距离而不用欧氏距离，是因为欧氏距离是欧氏平方距离的算术平方根，其计算反而比欧氏距离更简单。

这说明，总体中位数和总体均值确实是符合“简明扼要”标准的最具代表性的总体分布特征。在所有分布特征中总体均值之所以最为重要，乃是因为其本身为实际场合所亟须，而总体总量、总体比率以及总体比例等现实中需求极其普遍的指标又往往是其简单函数。

因此，总体均值 $\bar{Y}$ 在统计估计乃至整个推断统计里无疑都是焦点所在，初学者尤其需要对此予以关注。

（一）代数（数字）特征

有一些分布特征不必基于分布表和分布图，只利用原始的 $n\times P$ 数据阵即可计算得到，这些分布特征理应称为代数特征。又因其不能用于分类变量，只能用于变量值具有可加性的数值变量，所以总是以数字表达，故往往称为数字特征。

分布常见的代数（数字）特征如下。

总体均值为所有观测值相加再除以观测值的个数，又称为变量的算术平均数。均值是对数据集中趋势的反映。

$$\bar{Y}=\frac{1}{N}\sum_{i=1}^{N}Y_i$$

总体方差是所有观测值与其均值离差的平方的均值。标准差是所有观测值与其均值离差的平方的均值的平方根。

总体方差定义为各个个体对应的变量值到总体均值的平均欧氏平方距离。

$$S^2=\frac{1}{N-1}\sum_{j=1}^{N}\left(Y_j-\bar{Y}\right)^2$$

另一种总体方差的定义为

$$\sigma^2=\frac{1}{N}\sum_{j=1}^{N}\left(Y_j-\bar{Y}\right)^2$$

由于统计数据通常具有规模很大的特性，N 与 $N-1$ 的差异甚微，所以 σ^2 与 S^2 相比，分母上的些微差别，对大小的影响几乎可以忽略不计，区别在于估计量的性质。

总体方差的算术平方根称为总体标准差，是各个个体对应的变量值到总体均值的平均欧氏距离。

$$S=\sqrt{\frac{1}{N-1}\sum_{j=1}^{N}\left(Y_j-\bar{Y}\right)^2}$$

另一种总体标准差的定义为

$$\sigma=\sqrt{\frac{1}{N}\sum_{j=1}^{N}\left(Y_j-\bar{Y}\right)^2}$$

对于标准化变换后的变量 Z 求方差或标准差，即标准化方差或标准差也是很有用的分布特征。所谓标准化是标准化变换

$$Z_j=\frac{Y_j-\bar{Y}}{S}$$

的简称，其中分子是各个个体对应的变量值减去总体均值的差值，分母是总体标准差。

标准化总体方差：$S_Z^2=\frac{1}{N-1}\sum_{j=1}^{N}\left(Z_j-\bar{Y}\right)^2$。

标准化总体标准差：$S_Z=\sqrt{\frac{1}{N-1}\sum_{j=1}^{N}\left(Z_j-\bar{Y}\right)^2}$。

总体方差及其函数都是总体均值等指标代表性强弱的量度指标，方差越小，代表性越强。

偏度是反映分布相对于均值对称轴线的偏离方向和程度的指标。总体偏度：

$$\text{skewness}=\alpha_3=\frac{\sum_{j=1}^{N}\left(Y_j-\bar{Y}\right)^3}{NS^2}$$

当 skewness=0 时，分布对称，意为不偏；当 skewness＞0 时，分布右偏；当 skewness＜0 时，分布左偏。skewness 绝对值越大，偏态程度越大。偏度以总体均值为偏离基准，其偏离方向的简单判别方法是假如均值在中位数之右，则为右偏；均值在中位数之左，则为左偏；假如两者重合，则为对称。随机变量的偏态如图 1-5 所示。

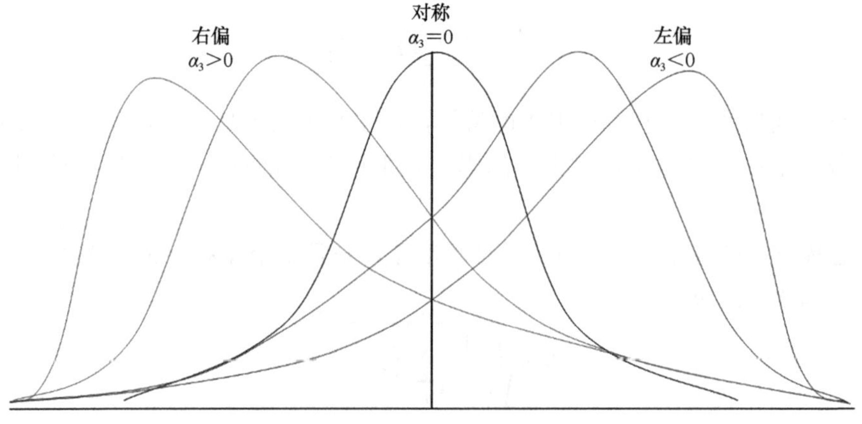

图 1-5　随机变量的偏态

峰度是对分布曲线尖削程度的测度。

$$\text{kurtosis}=\alpha_4=\frac{\sum_{j=1}^{N}\left(Y_j-\overline{Y}\right)^4}{NS^4}$$

kurtosis＞3 为尖顶峰，kurtosis=3 为正态峰，kurtosis＜3 为平顶峰，kurtosis 与 3 的差距越大，纵向上与标准正态分布差异越大。

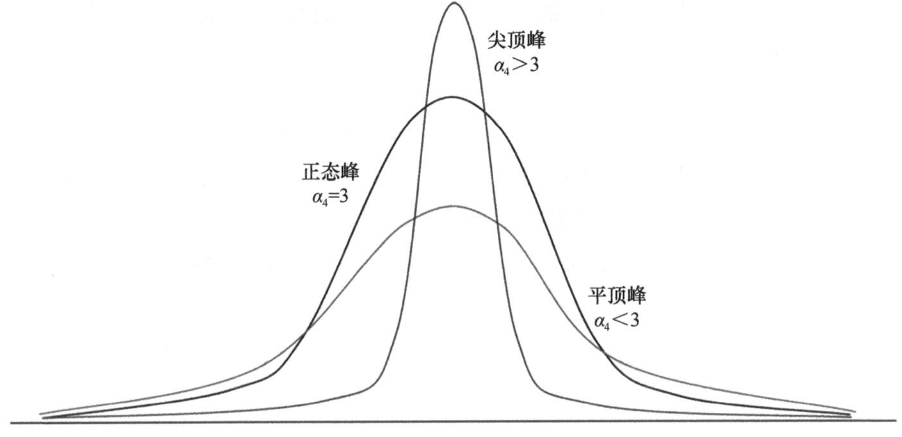

图 1-6　随机变量的峰度

偏度和峰度都是描述分布形状的数字特征，其设置都是以正态分布为基准，正态分布的偏度为 0，峰度为 3。

除了上述偏度和峰度指标，由众数与中心对称点值的相对位置和距离形成的偏度指标，以及基于标准化数据分布图观察得到的众数对应频率与极差大小之比所形成的峰度指标也都是反映分布形状的数字特征。

上述总体均值、总体方差、总体标准差都可根据原始的数据集或表示法的数据计算得到，然而有些分布特征只能通过图示法中的分布图才能确定。凡需通过分布图才能确定的分布特征称为几何特征。

（二）几何特征

从来源或获取途径上，分布特征有几何特征与代数特征之分。一方面，几何特征基于分布图才能获得；另一方面，只有数值变量才存在几何特征，注意几何特征乃源于分布图特别是数值变量的分布图。

1. 最小值

最小值是一组数据中变量值最小的值。便宜的不值得维修的产品如灯泡的寿命，贵重或重要的产品的保养时限，电路的串联系统以及经济学“木桶理论”等都是最小值的应用。最小值一般用符号 min 表示。

2. 最大值

最大值是一组数据中变量值最大的值，如台风、洪水、地震的历史纪录等。而设计大坝的高度和建筑物的抗震强度以及电路的并联系统等就是最大值指标的应用。最大值一般用符号 max 表示。

最高值是最大的频率或频数。例如，在投票过程中，最终当选者所获选票数的多少或比例。

3. 众数

众数是一组数据中出现次数最多的变量值。例如，在投票过程中票数最多的当选者，一个地区的常风向等都属于众数。众数未必一定是唯一的，尽管经常是唯一的。众数一般用符号 mode 表示。众数与最小值、最大值如图 1-7 所示。

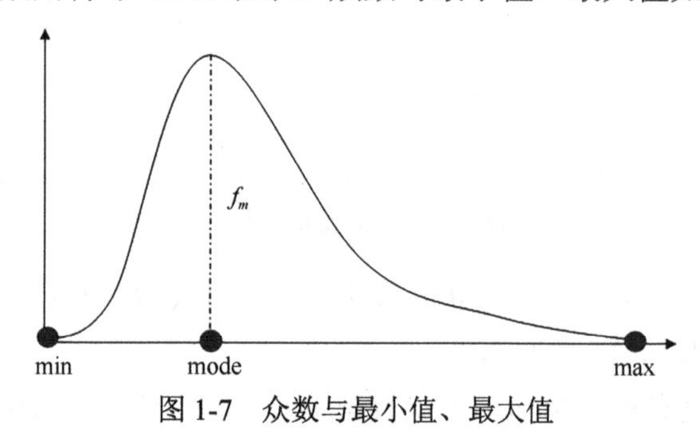

图 1-7　众数与最小值、最大值

$$f\left(x=\text{mode}\right)=\max_{i}\left(f_i\right)=f_m$$

$$\text{mode}=\left(x\middle|f\left(x\right)=f_m\right)$$

其中，x 表示样本点的变量值；f_i 表示第 i 个样本点对应的频数；f_m 表示众数对应的频数。

4. 中位数

中位数是指将变量各观察值按从小到大顺序排列，处于中间位置的数值，故又称中位数。一国或一地区的人口在一年里每天是不断变动的，常用 7 月 1 日 0 时 0 分的人口作为全年的“平均”人口，有人认为工资收入等也应该以中位数代替平均数。中位数一般用符号 M_e 表示。

$$M_e=\begin{cases} x\left(\dfrac{n+1}{2}\right), & n\text{为奇数} \\ \dfrac{1}{2}\left[x\left(\dfrac{n}{2}\right)+x\left(\dfrac{n}{2}+1\right)\right], & n\text{为偶数} \end{cases}$$

5. 四分位数

四分位数是将变量各观察值按从小到大顺序排序，处于左起累计 25%位置上的变量值为上四分位数（$Q_{25\%}$），处于左起累计 75%位置上的值为下四分位数（$Q_{75\%}$）。四分位数相当于对总体的个体依变量值自小到大顺序排列，然后分成四等份，三个分界点自左至右依次为上四分位数、中位数、下四分位数。

$$Q_{25\%}=x\left(\frac{n}{4}\right)$$

$$Q_{75\%}=x\left(\frac{3n}{4}\right)$$

6. 极差

极差是最大值与最小值的差值。

$$\text{Range}=\max\left(x_i\right)-\min\left(x_i\right)$$

四分位差是下四分位数与上四分位数的差值。

$$Q_d=Q_{75\%}-Q_{25\%}$$

箱线图是利用数据中的三个分布特征值（上四分位数、中位数、下四分位数），用图形概括描述数据的一种方法。用一个以上四分位数和下四分位数为边界的盒来表明在中心位置 50%的数据，以一条竖线（虚线）从方盒两侧延伸以表明大于上四分位数和小于下四分位数的数据值的位置。中位数在盒内对应位置用横线标示。上边缘为 $Q_{75\%}+1.5\times Q_d$，下边缘为 $Q_{25\%}-1.5\times Q_d$。判为例外的异常值也在箱线图里予以标示。

分布特征与箱线图的对应关系如图 1-8 所示。

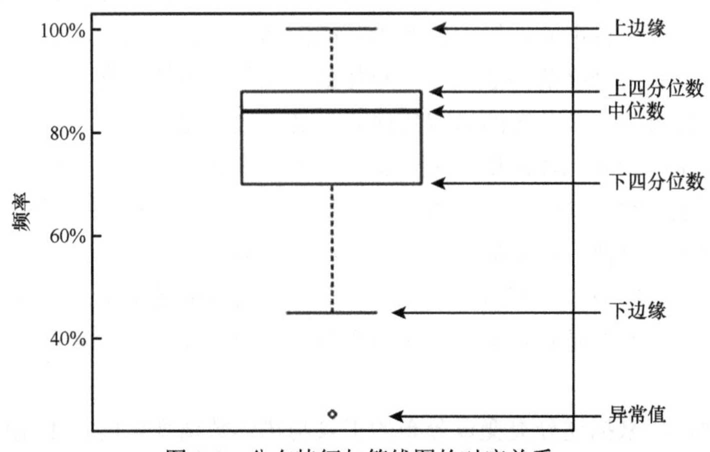

图 1-8　分布特征与箱线图的对应关系

此外，基于分布图观察得到的众数对应频率本身也是一个很直观的反映峰度或者可理解为陡度的指标。

（三）分布特征的功能性分类

统计学研究的是大规模总体，虽然非大规模的总体更不在话下，但体现不出其独到处与特长，令人有杀鸡焉用牛刀之慨叹。统计学是基于随机抽样调查数据实现对大规模总体分布的估计，虽然其中的逻辑也可移植于非随机抽样调查数据的处理过程中，但必须将这些数据视同随机样本数据。

统计学描述一个变量分布的途径，要么具体给出一个分布，要么给出其分布特征，然而如上所述分布特征甚多，如何通过分布特征比较全面地反映分布呢？

分布特征有两类：一类分布特征用来反映分布的离散程度，可称为离散程度分布特征；另一类分布特征用来反映分布的离散基准，可称为离散基准分布特征。

离散程度分布特征反映的是总体中的各个个体之间变量值的整体差异的大小。

离散基准分布特征反映的是总体中的各个个体之间变量值的差异基准（时下统计学教材多称之为集中趋势指标，相对地，离散程度分布特征被称为离散趋势指标，这种称呼并不严谨，更不合理，如各变量值对应的概率均相等时何谈集中？）。

离散程度分布特征包括以均值为基准的方差标准差和以中位数为基准的平均差，表面上以边界点为基准实则以均值为基准的极差，表面上以类边界点为基准实则以中位数为基准的四分位差、变异系数等，以及以众数频率为基准的异众比例和优势比。

离散基准分布特征包括众数、均值和中位数。

数值变量的分布比较复杂，大致是离散基准分布特征从均值、中位数二中选其一，但在少数场合也使用众数；对应的离散程度分布特征分别有以均值为基准的平均差、方差、标准差，以中位数为基准的四分位差和极差。注意，数值变量并不存在以众数为基准的离散程度分布特征。此外，虽然峰度和偏度皆以均值为比较基准，但反映的是分布的形状特性，不是离散程度。

分类变量的分布比较简单，由于变量值既不存在顺序，又不可加，所以不存在中位数，也不存在均值。与此相对应，平均差、方差、标准差无从谈起，同时分类变量既无最小值，也无最大值，因而极差也不存在。

与数值变量比较关注变量值相比，分类变量关注的是频率，所以对于分类变量，作为差异基准的是众数频率，作为离散程度的是与众数频率有关的异众比例和优势比。

明显地，用来描述分类变量分布的工具与描述数值变量的很不相同。但是，对于最简单的分类变量二分类变量而言，在常规赋值方式下，却可将数值变量的总体均值和总体方差公式移植过来，有

$$\bar{Y}=\frac{1}{N}\sum_{i=1}^{N}Y_i=\frac{1}{N}\left[1\times NP+0\times N(1-P)\right]=P$$

$$\begin{aligned}S^2&=\frac{1}{N-1}\sum_{i=1}^{N}\left(Y_i-\bar{Y}\right)^2\\&=\frac{1}{N-1}\left[(1-P)^2\times NP+(0-P)^2\times N(1-P)\right]\\&=\frac{N}{N-1}P(1-P)\end{aligned}$$

另一种总体方差为

$$\begin{aligned}\sigma^2&=\frac{1}{N}\sum_{i=1}^{N}\left(Y_i-\bar{Y}\right)^2\\&=\frac{1}{N}\left[(1-P)^2\times NP+(0-P)^2\times N(1-P)\right]\\&=P(1-P)\end{aligned}$$

若将多分类变量的众数记为 1，定义 P 为分类变量的众数（也可是其他关注的变量值）所对应的频率，关注变量值之外的其余变量值都记为 0 时的特殊方差。

此时相当于将多分类变量变换为二分类变量，常用 $1-P$（称为异众比例）表示“方差”，有些时候也用 $\frac{P}{1-P}$（称为优势比）表示“方差”。

异众比例越小，优势比越大，说明众数的代表性越强，分布的离散程度越大。比较异众比例和优势比可以看出，方差与优势比是反比关系，而与异众比例是正比关系，如果关注点在于众数的代表性强弱，则用优势比是更好的选择，它包含较多的信息。分布特征的各个类型之对比如表 1-6 所示。

表 1-6　分布特征的各个类型之对比

变量类型	离散标准分布特征	离散程度分布特征	其他形状特征
数值变量	均值、中位数、众数	方差、标准差、平均差、极差、四分位差、变异系数	偏度、峰度
分类变量	众数	异众比例、优势比	

统计学的实质是利用随机样本数据估计变量的分布或分布特征，或在此基础上进行假设检验或因果性分析。由此可见，拥有一个有效的样本是统计学发挥强大功能的基础，而样本量确定就是形成这个基础的一个重要环节。

第二章　两大基础定理的样本量确定

第一节　大数定理不带概率的样本量确定

定义总体Ω是由N个个体构成的集合，样本ω是由从N个个体中随机抽取的n个个体构成的集合。N称为总体Ω的规模，n称为样本ω的规模，又称样本容量或样本量。变量Y是所关注总体Ω所含N个个体的某个共有属性，记y为从总体Ω中随机抽取的样本ω中相应变量Y的观测值。由于观测值y是随机抽样调查的结果，因此变量Y被称为随机变量。任何变量只要其变量值是通过随机抽样调查得到的，则皆属随机变量。换言之，变量的随机标识是由随机抽样添加的，并不存在天生的带随机性的变量。

考虑样本均值$\overline{y}$相对于总体均值$\overline{Y}$的差异：

$$\Delta=\overline{y}-\overline{Y}=\frac{1}{n}\sum_{i=1}^{n}y_i-\frac{1}{N}\sum_{j=1}^{N}Y_j$$

注意在不考虑调查误差（调查误差表现为五花八门、各种各样的形态且无法系统地区分类型，故统计学只能不予考虑）的前提下，因样本ω里各个个体（亦称样本点）的变量值y_i均来自总体Ω中各个相应个体所对应的变量值Y_j，若果真来自同一个个体，则样本点变量值与相应个体所对应的变量值必定相等，故可将Y_j依此重排（即被抽中的n个个体依次排在前面，没被抽中的排在后面），则有

$$\begin{aligned}
\Delta&=\frac{1}{n}\sum_{j=1}^{n}Y_j-\frac{1}{N}\sum_{j=1}^{N}Y_j\\
&=\frac{1}{n}\left(\sum_{j=1}^{N}Y_j-\sum_{j=n+1}^{N}Y_j\right)-\frac{1}{N}\sum_{j=1}^{N}Y_j\\
&=\left(\frac{1}{n}\sum_{j=1}^{N}Y_j-\frac{1}{N}\sum_{j=1}^{N}Y_j\right)-\frac{1}{n}\sum_{j=n+1}^{N}Y_j\\
&=\frac{1}{nN}\left[(N-n)\sum_{j=1}^{N}Y_j-N\sum_{j=n+1}^{N}Y_j\right]\\
&=\frac{1}{nN}\left[(N-n)N\overline{Y}-N\sum_{j=n+1}^{N}Y_j\right]\\
&=\frac{1}{n}\left[(N-n)\overline{Y}-\sum_{j=n+1}^{N}Y_j\right]
\end{aligned}$$

注意

$$\sum_{j=n+1}^{N} Y_j$$

恰好共有 $N-n$ 项，于是

$$\Delta = -\frac{1}{n}\left[\sum_{j=n+1}^{N}\left(Y_j - \bar{Y}\right)\right]$$

$$|\Delta| = \frac{1}{n}\left|\sum_{j=n+1}^{N}\left(Y_j - \bar{Y}\right)\right|$$

1）第一种情形

$$\max\left|\sum_{j=n+1}^{N}\left(Y_j - \bar{Y}\right)\right| = m$$

$$|\Delta| \leqslant \frac{m}{n} \leqslant \varepsilon$$

$$n \geqslant \frac{m}{\varepsilon}$$

其中，ε 表示估计精度。

2）第二种情形

$$|\Delta| = \frac{1}{n}\left|\sum_{j=n+1}^{N}\left(Y_j - \bar{Y}\right)\right| \leqslant \frac{1}{n}\sum_{j=n+1}^{N}\left|Y_j - \bar{Y}\right|$$

$$= \frac{(N-n)}{n}\left[\frac{1}{(N-n)}\sum_{j=n+1}^{N}\left|Y_j - \bar{Y}\right|\right]$$

$$= \frac{(N-n)}{n}\mathrm{AD}_{-} \leqslant \varepsilon$$

其中，$\mathrm{AD}_{-} = \frac{1}{(N-n)}\sum_{j=n+1}^{N}\left|Y_j - \bar{Y}\right|$。

$$\frac{n}{(N-n)} \geqslant \frac{\mathrm{AD}_{-}}{\varepsilon}$$

$$n = N\frac{\mathrm{AD}_{-}}{\varepsilon + \mathrm{AD}_{-}} = N\frac{1}{1 + \varepsilon / \mathrm{AD}_{-}}$$

3）第三种情形

$$\frac{1}{n}\sum_{j=n+1}^{N}\left|Y_j - \bar{Y}\right| \leqslant \frac{1}{n}\sum_{j=n+1}^{N}\max\left|Y_j - \bar{Y}\right| \leqslant \frac{1}{n}\sum_{j=n+1}^{N} M \leqslant \frac{N-n}{n}M = \varepsilon$$

其中，$M = \sum_{j=n+1}^{N}\max\left|Y_j - \bar{Y}\right|$。

$$\frac{N-n}{n}=\frac{1}{f}-1=\frac{\varepsilon}{M}$$

$$n=N\frac{M}{M+\varepsilon}=N\frac{1}{1+\varepsilon/M}$$

4）第四种情形

注意

$$M=\max\left\{\max Y_j-\overline{Y},\ \overline{Y}-\min Y_j\right\}$$

显然

$$2M\propto R=\left\{\max Y_j-\overline{Y}+\overline{Y}-\min Y_j\right\}$$

其中，$R=\max\left(Y_j\right)-\min\left(Y_j\right)$，表示未抽出部分的极差。

于是

$$n=N\frac{R/2}{R/2+\varepsilon}=N\frac{1}{1+2\varepsilon/R}$$

样本均值估计总体均值所需样本量反比于估计精度ε，正比于未抽出部分的离差平方和

$$\left|\sum_{j=n+1}^{N}\left(Y_j-\overline{Y}\right)\right|$$

及未抽出部分的总体规模N、未抽出部分的平均差AD_{-}、未抽出部分的极差R。

需要说明的是，不论哪种情形的样本量确定公式都基于

$$\sum_{j=n+1}^{N}\left(Y_j-\overline{Y}\right)$$

它是总体未抽出部分的数据，从逻辑上说误差产生的原因在于不掌握这部分未抽出个体的信息，非常合乎逻辑，但从操作上则毫无理由，人们无法根据未知的信息确定样本量。好在存在下列关系

$$\sum_{j=1}^{N}\left(Y_j-\overline{Y}\right)=\sum_{j=n+1}^{N}\left(Y_j-\overline{Y}\right)+\sum_{j=1}^{n}\left(Y_j-\overline{Y}\right)=0$$

所以

$$\sum_{j=n+1}^{N}\left(Y_j-\overline{Y}\right)=-\sum_{j=1}^{n}\left(Y_j-\overline{Y}\right)$$

两者互为相反数，绝对值相等，于是各种情形公式中的

$$\sum_{j-n+1}^{N}\left(Y_j-\overline{Y}\right)$$

均可用样本离差和

$$\sum_{j=1}^{n}\left(Y_j-\bar{Y}\right)$$

替代，这就可能使各式具有某种可操作性，譬如预调查中用绝对离差和

$$\sum_{j=1}^{n_0}\left|y_j-\bar{y}\right|$$

替代

$$\sum_{j=1}^{n_0}\left|Y_j-\bar{Y}\right|$$

其中，n_0表示预调查时的暂定样本量。

对于样本方差

$$\begin{aligned}\hat{\sigma}^2&=\frac{1}{n}\sum_{j=1}^{n}\left[\left(Y_j-\bar{Y}\right)-\left(\bar{y}-\bar{Y}\right)\right]^2\\&=\frac{1}{n}\left[\sum_{j=1}^{n}\left(Y_j-\bar{Y}\right)^2+\sum_{j=1}^{n}\left(\bar{y}-\bar{Y}\right)^2-2\left(\bar{y}-\bar{Y}\right)\sum_{j=1}^{n}\left(Y_j-\bar{Y}\right)\right]\\&=\frac{1}{n}\left[\sum_{j=1}^{n}\left(Y_j-\bar{Y}\right)^2-\sum_{j=1}^{n}\left(\bar{y}-\bar{Y}\right)^2\right]\end{aligned}$$

由于用$\hat{\sigma}^2$估计σ^2的前提是可用$\bar{y}$估计$\bar{Y}$，于是样本方差与总体方差的差异

$$\hat{\sigma}^2-\sigma^2=\frac{1}{n}\left[\sum_{j=1}^{n}\left(Y_j-\bar{Y}\right)^2-\sum_{j=1}^{n}\left(\bar{y}-\bar{Y}\right)^2\right]-\frac{1}{N-1}\sum_{j=1}^{N}\left(Y_j-\bar{Y}\right)^2$$

式子中的

$$\frac{1}{n}\sum_{j=1}^{n}\left(\bar{y}-\bar{Y}\right)^2$$

项相当于须满足

$$\frac{1}{n}\sum_{j=1}^{n}\left(\bar{y}-\bar{Y}\right)^2=\varepsilon^2$$

的条件。只考虑余下的两项

$$\frac{1}{n}\sum_{j=1}^{n}\left(Y_j-\bar{Y}\right)^2-\frac{1}{N}\sum_{j=1}^{N}\left(Y_j-\bar{Y}\right)^2$$

令

$$Z_j=\left(Y_j-\bar{Y}\right)^2$$

则

$$\bar{Z}=\frac{1}{N}\sum_{j=1}^{N}\left(Y_j-\bar{Y}\right)^2$$

那么引用样本均值大数定理的样本量确定公式为

$$\frac{1}{n}\sum_{j=1}^{n}\left(Y_j-\bar{Y}\right)^2-\frac{1}{N}\sum_{j=1}^{N}\left(Y_j-\bar{Y}\right)^2$$

$$\leqslant\frac{1}{n}\left|\sum_{j=n+1}^{N}\left(Z_j-\bar{Z}\right)\right|=\frac{(N-n)}{n}\mathrm{AD}_S$$

其中，平均偏差平方

$$\mathrm{AD}_S=\frac{1}{N-n}\sum_{j=n+1}^{N}\left|Z_j-\bar{Z}\right|$$

$$\hat{\sigma}^2-\sigma^2\leqslant\frac{(N-n)}{n}\mathrm{AD}_S-\varepsilon^2\leqslant\varepsilon_1$$

由此得出

$$\left|\hat{\sigma}^2-\sigma^2\right|\leqslant\frac{(N-n)}{n}\left|\mathrm{AD}_S\right|\leqslant\varepsilon^2+\varepsilon_1$$

$$n\geqslant N\frac{\left|\mathrm{AD}_S\right|}{\left|\mathrm{AD}_S\right|+\varepsilon^2+\varepsilon_1}=N\frac{1}{\left[1+\left(\varepsilon^2+\varepsilon_1\right)\right]\Big/\left|\mathrm{AD}_S\right|}$$

此式表明，总体方差估计的样本量受四个因素影响，与总体均值的估计误差和总体方差的估计误差成反比，与总体规模和“平均偏差平方”成正比。

对于另一形式的样本方差与总体方差的差异

$$s^2-S^2=\frac{1}{n-1}\left[\sum_{j=1}^{n}\left(Y_j-\bar{Y}\right)^2-\sum_{j=1}^{n}\left(\bar{y}-\bar{Y}\right)^2\right]-\frac{1}{N-1}\sum_{j=1}^{N}\left(Y_j-\bar{Y}\right)^2$$

中的

$$\frac{1}{n-1}\sum_{j=1}^{n}\left(Y_j-\bar{Y}\right)^2-\frac{1}{N-1}\sum_{j=1}^{N}\left(Y_j-\bar{Y}\right)^2$$

可以用 $\hat{\sigma}^2-\sigma^2$ 来近似。

第二节　大数定理带概率的样本量确定

不管是样本均值还是样本方差，基于大数定理的各个样本量确定公式的优点都在于简洁易懂，其缺点都在于完全未考虑概率因素，直到切比雪夫定理或不等式

$$P\left\{\left|\bar{y}-\bar{Y}\right|\geqslant\varepsilon\right\}\leqslant\frac{\sigma^2/n}{\varepsilon^2}$$

出现。

该式可改写为

$$P\left\{\left|\bar{y}-\bar{Y}\right|\leqslant\varepsilon\right\}\geqslant 1-\frac{\sigma^2/n}{\varepsilon^2}=1-\alpha$$

即有

$$\frac{\sigma^2/n}{\varepsilon^2}=\alpha$$

因而

$$n=\frac{\sigma^2}{\alpha\varepsilon^2}$$

对比之前基于大数定理的诸式，该式明显多了一个“非常合理”的概率因子α，就是在统计学上大名鼎鼎的显著性水平。从该式可以清楚看出，样本量不仅取决于总体的变异程度、估计的绝对误差，还取决于估计的概率保证程度。该式更有价值的是给出了各个因子的阶数，一个高度量化的描述，大大丰富了样本量确定的理论。至此，我们可以对基于大数定理的样本量确定公式所揭示的样本量影响因素做出总结并列出以下清单：估计的绝对误差限、总体规模、总体分布的分散程度。切比雪夫还点出了一个弃真概率限度的影响因素。但各个公式大同小异，呈现高度的逻辑一致性。

以上讨论皆是针对数值变量而言的，对于二分类变量（服从超几何分布或二项分布），伯努利定理告诉我们，若记

$$T_n=\sum_{j=1}^{n}y_j$$

则

$$P\left\{\left|\frac{T_n}{n}-P_0\right|>\varepsilon\right\}<\frac{P_0\left(1-P_0\right)}{n\varepsilon^2}$$

其中，P_0表示事先给定的或关注的二分类变量值对应的概率。

由于上式相当于

$$P\left\{\left|\frac{T_n}{n}-P_0\right|\leqslant\varepsilon\right\}\geqslant 1-\frac{P_0\left(1-P_0\right)}{n\varepsilon^2}$$

令

$$1-\frac{P_0\left(1-P_0\right)}{n\varepsilon^2}=1-\alpha$$

则

$$\frac{P_0\left(1-P_0\right)}{n\varepsilon^2}=\alpha$$

从而

$$n = \frac{P_0(1-P_0)}{\alpha\varepsilon^2}$$

这其实就是切比雪夫定理在二分类变量场合的推论，只不过利用了

$$\sigma^2 = P_0(1-P_0)$$

的关系而已。

基于切比雪夫不等式和伯努利定理的样本量确定公式虽然带有概率因子，使用了分位点的概念，但其推导过程并不依赖正态分布。这就是说切比雪夫不等式对任何数值随机变量和二分类变量都成立，与具体分布无关。

第三节　中心极限定理成立的样本量确定

中心极限定理是很多个相似或相关定理的统称，但现在看来对统计学真正重要的是其中两个定理，一个是林德伯格-莱维（Lindeberg-Levy）中心极限定理，一个是棣莫弗-拉普拉斯中心极限定理。前者适用于数值变量，后者适用于最简单的二分类变量。

林德伯格-莱维中心极限定理：

$$\lim_{n\to\infty}\left[P\left\{\frac{\bar{y}-\bar{Y}}{\sigma/\sqrt{n}}\leqslant z\right\}-\Phi(z)\right]=0$$

其中

$$\Phi(z)=\frac{1}{\sqrt{2\pi}}\int_{-\infty}^{z}\mathrm{e}^{-t^2}\mathrm{d}t$$

其中，e 表示自然常数。

考虑

$$z=\frac{\bar{y}-\bar{Y}}{\sigma/\sqrt{n}}$$

的特征函数

$$\varphi_z(t)=\left[\varphi\left(\frac{t}{\sigma\sqrt{n}}\right)\right]^n$$

由于

$$\varphi'(0)=0\text{，}\ \varphi''(0)=-\sigma^2$$

$$\begin{aligned}\varphi_z(t)&=\varphi(0)+\varphi'(0)t+\varphi''(0)\frac{t^2}{2}+o(t^2)\\&=1-\frac{1}{2}\sigma^2t^2+o(t^2)\end{aligned}$$

从而

$$\lim_{n\to\infty}\varphi_z(t)=\lim_{n\to\infty}\left[\varphi\left(\frac{t}{\sigma\sqrt{n}}\right)\right]^n=\lim_{n\to\infty}\left[1-\frac{t^2}{2n}+o\left(\frac{t^2}{n}\right)\right]=\mathrm{e}^{-\frac{t^2}{2}}$$

而

$$\mathrm{e}^{-\frac{t^2}{2}}$$

恰恰是标准正态分布的特征函数，由特征函数的唯一性即知定理成立。但是，其中的

$$o\left(\frac{t^2}{n}\right)$$

实为

$$\lim_{n\to\infty}\left(\frac{t^2}{n}\right)=0$$

相当于任给 $\varepsilon>0$ ，令 $\max(t)=M$ ，则

$$\frac{M^2}{n}\leqslant\varepsilon$$

于是有

$$n\geqslant\frac{M^2}{\varepsilon}$$

不难看出，$\max(t)$ 实为容忍的最小置信度的相应标准正态分布的百分位点，如设该最小置信度为 $1-\alpha$ ，则 $M=z_\alpha$ ，于是

$$n\geqslant\frac{{z_\alpha}^2}{\varepsilon}$$

棣莫弗-拉普拉斯中心极限定理是史上第一个被证明的中心极限定理，虽然如此，但与伯努利定理相似，它与二项分布有关，被认为是二项分布可用正态分布近似的理论源头，所以可通过将二分类变量看作特殊的数值变量而直接引用林德伯格-莱维中心极限定理，逻辑上就成为该定理的推论。

棣莫弗-拉普拉斯中心极限定理：设二分类变量 Y 服从参数为 P_0 的伯努利分布，T_n 表示 n 次独立实验或样本中包含 n 个样本点时，概率为 P_0 的事件出现的次数或样本点个数，则

$$\lim_{n\to\infty}\left[P\left\{\frac{T_n-nP_0}{\sqrt{nP_0(1-P_0)}}\leqslant z\right\}-\varPhi(z)\right]=0$$

因为对于

$$T_n=\sum_{j=1}^{n}Y_j$$

有

$$\overline{Y}=P_0,\ \sigma^2=P_0(1-P_0)$$

于是

$$z=\frac{\overline{y}-\overline{Y}}{\sigma/\sqrt{n}}=\frac{p-P_0}{\sqrt{P_0(1-P_0)}/\sqrt{n}}=\frac{np-nP_0}{\sqrt{nP_0(1-P_0)}}=\frac{T_n-nP_0}{\sqrt{nP_0(1-P_0)}}$$

将此结果代入林德伯格-莱维中心极限定理

$$\lim_{n\to\infty}\left[P\left\{\frac{\overline{y}-\overline{Y}}{\sigma/\sqrt{n}}\leqslant z\right\}-\Phi(z)\right]=0$$

即可将其改写为

$$\lim_{n\to\infty}\left[P\left\{\frac{T_n-nP_0}{\sqrt{nP_0(1-P_0)}}\leqslant z\right\}-\Phi(z)\right]=0$$

相应的样本量为

$$n\geqslant\frac{M^2}{\varepsilon}=\frac{{z_\alpha}^2}{\varepsilon}$$

以 s 替代 σ，中心极限定理是否成立？拜瑞-埃森（Berry-Essèen）定理给出了肯定的回答。由于不依赖未知的标准差 σ，拜瑞-埃森定理成为最重要的中心极限定理之一，也是统计学最应重视却惨遭轻视甚至忽视的定理之一。拜瑞-埃森定理奠定了统计估计——t 估计的理论基础，同时也比其他中心极限定理更接近以直接方式给出相应的样本量确定公式。

拜瑞-埃森定理：假设 $E\left|Y_j-\mu\right|^3\leqslant M<\infty$，则

$$\sup_z\left|P\left\{\frac{\overline{y}-\overline{Y}}{s/\sqrt{n}}\leqslant z\right\}-\Phi(z)\right|\leqslant\frac{33M}{4\sqrt{n}\sigma^3}$$

令两个分布的最小绝对误差

$$\sup_z\left|P\left\{\frac{\overline{y}-\overline{Y}}{s/\sqrt{n}}\leqslant z\right\}-\Phi(z)\right|=\varepsilon$$

则有

$$\varepsilon\leqslant\frac{33M}{4\sqrt{n}\sigma^3}$$

由此解得

$$n=\left(\frac{33}{4}\frac{M}{\varepsilon\sigma^3}\right)^2$$

该式中的 σ^3 似乎很难解，但若改写为

$$n=\left[\frac{33}{4\varepsilon}\max\left(\frac{E\left|Y_j-\mu\right|}{\sigma}\right)^3\right]^2$$

则容易看出，由于

$$\left(\frac{E\left|Y_j-\mu\right|}{\sigma}\right)^3$$

是偏度，σ^3 事实上是偏度指标里的基准项，所以偏度就成为刻画两者之间差异的很好选择。上述公式表明，样本量与绝对误差限的平方成反比，与偏度的平方成正比。

对于二分类变量，则引用 0-1 变换：

对主要关注的二分类变量值 Y_1，赋值为 1；

对次要关注的二分类变量值 Y_0，赋值为 0。

约定其总体分布如下：

对主要关注的二分类变量值 Y_1，赋值为 1，概率为 P；

对次要关注的二分类变量值 Y_0，赋值为 0，概率为 $1-P$。

相应地，其样本分布如下：

对主要关注的二分类变量值 y_1，赋值为 1，概率为 p；

对次要关注的二分类变量值 y_0，赋值为 0，概率为 $1-p$。

此时由于二分类变量的样本均值可以表示为

$$\bar{y}=\frac{1}{n}\sum_{i=1}^{n}y_i=\frac{1}{n}\left[1\times np+0\times(n-np)\right]=p$$

样本方差

$$\begin{aligned}s^2&=\frac{1}{n-1}\sum_{i=1}^{n}\left(y_i-\bar{y}\right)^2\\&=\frac{1}{n-1}\left[(1-p)^2\times np+(0-p)^2\times(n-np)\right]\\&=\frac{np(1-p)}{n-1}\end{aligned}$$

之后代入与中心极限定理有关的拜瑞-埃森定理中，自此可解出

$$\begin{aligned}n&=\left[\frac{33}{4\varepsilon}\max\left(\frac{E\left|Y_j-\mu\right|}{\sigma}\right)^3\right]^2\\&=\left\{\frac{33}{4\varepsilon}\max\left[\frac{(1-P)^3P+(0-P)^3(1-P)}{\sigma^3}\right]\right\}^2\\&=\left\{\frac{33}{4\varepsilon}\max\left[\frac{(1-P)^3P+(0-P)^3(1-P)}{\sqrt{(1-P)P}^3}\right]\right\}^2\end{aligned}$$

$$=\left\{\frac{33}{4\varepsilon}\max\left[\frac{P(1-P)(1-2P)}{\left(\sqrt{(1-P)P}\right)^{3}}\right]\right\}^{2}$$

$$=\left\{\frac{33}{4\varepsilon}\max\left[\frac{1-2P}{\sqrt{(1-P)P}}\right]\right\}^{2}$$

可以看出，样本量n与P的关系是“反比”，P越小n越大，而P越小意味着$1-P$越大，分布越呈偏态或偏度越大。注意P的定义域是

$$0<P<1$$

当$1-P=P=0.5$时，偏度最小。值得注意的是，这个源于数值变量的公式用于二分类变量时，其结论是合乎逻辑的，但在这种极端场合该公式也暴露出某种“水土不服”，可能过于专注正态分布的对称性而忽视了其他的性质，显然，满足对称性的样本量n也不能为0。

需要特别说明的是，不管是正态分布还是t分布，它们都是样本均值（标准化或t化的）真实分布的近似分布，因此任何基于正态分布或t分布的估计结果都是近似结果，绝非准确结果，在此意义上，整个统计学就是一门近似估计的科学。

第三章　区间估计的样本量确定

区间估计是统计学理论中最精要的部分，受数学影响，往往被误称为参数估计，然而参数估计以已知分布类型为前提，而区间估计并不要求分布类型已知。由于统计学诞生的大背景是政府需要估计规模巨大的总体总量Y，如一个国家一个地区的特殊人口群体（如可以服兵役的）或全部人口总数、重要产品（如粮食、棉花）总量等，其特点是总体包含的个体数量N很大却已知。

$$Y=\sum_{i=1}^{N}Y_i$$

受时间、经费、人力的限制，全面调查几无可能，人们试图根据公式

$$Y=\sum_{i=1}^{N}Y_i=N\overline{Y}$$

所展示的关系，通过估计总体均值$\overline{Y}$实现对总体总量Y的估计

$$\hat{Y}=\sum_{i=1}^{N}Y_i=N\hat{\overline{Y}}=N\overline{y}$$

由此产生的问题是估计精度必须受到控制，而研究发现总体方差是影响精度的最重要的客观因素，因此总体均值与总体方差估计构成区间估计的核心内容。

第一节　数值变量区间估计的样本量确定

区间估计理论是建立在中心极限定理成立的基础之上的，对于数值变量可以直接引用。

$$\overline{y}=\frac{1}{n}\sum_{i=1}^{n}y_i$$

记$\overline{y}_k$是C_N^n个样本中第k个样本所对应的样本均值，则样本均值$\overline{y}$的期望和方差直接定义为

$$E\left(\overline{y}\right)=\frac{1}{\mathrm{C}_N^n}\sum_{k=1}^{\mathrm{C}_N^n}\overline{y}_k$$

$$V\left(\overline{y}\right)=E\left[\overline{y}-E\left(\overline{y}\right)\right]^2=\frac{1}{\mathrm{C}_N^n}\sum_{k=1}^{\mathrm{C}_N^n}\left[\overline{y}_k-E\left(\overline{y}\right)\right]^2$$

上述定义与Y的分布无关，或说Y不论服从何种分布，都是如此定义。可以证明

$$E\left(\overline{y}\right)=\overline{Y}$$

这个定理是抽样理论的第一核心定理。

$$V(\bar{y})=\frac{1-f}{n}S^2$$

而此定理是抽样理论的第二核心定理。证明过程如下。

从总体规模为 N 的总体中抽取一个样本容量为 n 的简单随机样本。对总体中的每个单元 Y_i，引入随机变量 a_i（$i=1,2,\cdots,N$），有

$$a_i=\begin{cases}1, & 若 Y_i 入样\\ 0, & 若 Y_i 不入样\end{cases}$$

则 $\bar{y}$ 可以表达为

$$\bar{y}=\frac{1}{n}\sum_{i=1}^{N}a_iY_i$$

式中 Y_i（$i=1,2,\cdots,N$）都是常数，故

$$E(\bar{y})=\frac{1}{n}\sum_{i=1}^{N}Y_iE(a_i)=\frac{1}{n}\sum_{i=1}^{N}Y_i\left(\frac{n}{N}\right)=\frac{1}{n}\frac{n}{N}\sum_{i=1}^{N}Y_i=\frac{1}{N}\sum_{i=1}^{N}Y_i=\bar{Y}$$

$$\begin{aligned}
V(\bar{y})&=V\left(\frac{1}{n}\sum_{i=1}^{N}a_iY_i\right)\\
&=\frac{1}{n_2}\left[\sum_{i=1}^{N}Y_i^2V(a_i)+2\sum_{i<j}^{N}Y_iY_j\operatorname{cov}(a_i,a_j)\right]\\
&=\frac{1}{n_2}\left\{\sum_{i=1}^{N}Y_i^2\frac{n}{N}\frac{N-n}{N}+2\sum_{i<j}^{N}Y_iY_j\left[-\frac{f(1-f)}{N-1}\right]\right\}\\
&=\frac{1}{n_2}\left\{\sum_{i=1}^{N}Y_i^2\frac{n}{N}(1-f)+2\sum_{i<j}^{N}Y_iY_j\left[-\frac{n}{N}\frac{(1-f)}{N-1}\right]\right\}\\
&=\frac{1}{n_2}\frac{n}{N}(1-f)\left(\sum_{i=1}^{N}Y_i^2-2\frac{1}{N-1}\sum_{i<j}^{N}Y_iY_j\right)\\
&=\frac{1-f}{nN}\left(\frac{N}{N-1}\sum_{i=1}^{N}Y_i^2-\frac{1}{N-1}\sum_{i=1}^{N}Y_i^2-2\frac{1}{N-1}\sum_{i<j}^{N}Y_iY_j\right)\\
&=\frac{1-f}{nN}\left[\frac{N}{N-1}\sum_{i=1}^{N}Y_i^2-\frac{1}{N-1}\left(\sum_{i=1}^{N}Y_i^2+2\sum_{i<j}^{N}Y_iY_j\right)\right]\\
&=\frac{1-f}{nN}\left[\frac{N}{N-1}\sum_{i=1}^{N}Y_i^2-\frac{1}{N-1}\left(\sum_{i=1}^{N}Y_i\right)^2\right]\\
&=\frac{1-f}{n(N-1)}\left[\sum_{i=1}^{N}Y_i^2-N\left(\frac{1}{N}\sum_{i=1}^{N}Y_i\right)^2\right]
\end{aligned}$$

$$=\frac{1-f}{n(N-1)}\left(\sum_{i=1}^{N}Y_i^2-N\overline{Y}^2\right)$$
$$=\frac{1-f}{n(N-1)}\sum_{i=1}^{N}\left(Y_i-\overline{Y}\right)^2$$
$$=\frac{1-f}{n}S^2$$

从上述证明过程中可以看出，上述定理的结论与Y的原始分布毫无关联，这可以解释为不论Y服从何种分布，总有

$$E(\overline{y})=\overline{Y}$$
$$V(\overline{y})=\frac{1-f}{n}S^2$$

同时，$\overline{y}$若满足以下的拜瑞-埃森定理：假设$E\left|Y_j-\mu\right|^3\leqslant M<\infty$，则

$$\sup_z\left|P\left\{\frac{\overline{y}-\overline{Y}}{s/\sqrt{n}}\leqslant z\right\}-\Phi(z)\right|\leqslant\frac{33M}{4\sqrt{n}\sigma^3}$$

该定理的结论可以解释为，若满足

$$n\geqslant\left[\frac{33}{4\varepsilon}\max\left(\frac{E\left|Y_j-\mu\right|}{\sigma}\right)^3\right]^2$$

的条件，则$\overline{y}$服从期望为$\overline{Y}$、方差为$\frac{1-f}{n}S^2$的正态分布。此时对$\overline{y}$进行标准化变换

$$Z=\frac{\overline{y}-\overline{Y}}{\sqrt{\frac{1-f}{n}S^2}}\sim N(0,1)$$

其中，$N(0,1)$表示形如图 3-1 的标准正态分布。

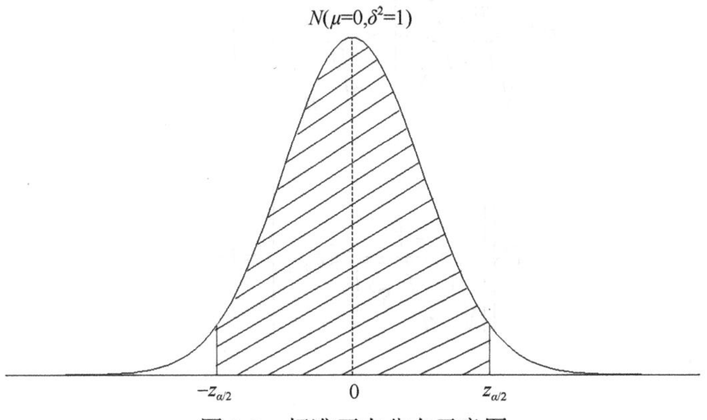

图 3-1　标准正态分布示意图

之后，一方面，根据标准正态分布的性质，如

$$P\left\{\left|\frac{\bar{y}-\bar{Y}}{\sqrt{\frac{1-f}{n}S^2}}\right| \leqslant z\right\}=1-\alpha$$

则

$$z=z_{\alpha/2}$$

于是

$$P\left\{\left|\frac{\bar{y}-\bar{Y}}{\sqrt{\frac{1-f}{n}S^2}}\right| \leqslant z_{\alpha/2}\right\}=1-\alpha$$

另一方面，当以样本均值 $\bar{y}$ 估计总体均值 $\bar{Y}$ 时，往往会事先提出估计精度的要求，如绝对误差不得超过 ε，置信度不得低于 $1-\alpha$，统以下式表示。

$$P\left\{\left|\bar{y}-\bar{Y}\right| \leqslant \varepsilon\right\} \geqslant 1-\alpha$$

将括号里的不等式两端同除以

$$\sqrt{\frac{1-f}{n}S^2}$$

即有

$$P\left\{\left|\frac{\bar{y}-\bar{Y}}{\sqrt{\frac{1-f}{n}S^2}}\right| \leqslant \frac{\varepsilon}{\sqrt{\frac{1-f}{n}S^2}}\right\} \geqslant 1-\alpha$$

为简化问题，以“=”号替代括号外面的“≥”号：

$$P\left\{\left|\frac{\bar{y}-\bar{Y}}{\sqrt{\frac{1-f}{n}S^2}}\right| \leqslant \frac{\varepsilon}{\sqrt{\frac{1-f}{n}S^2}}\right\}=1-\alpha$$

并将此与

$$P\left\{\left|\frac{\bar{y}-\bar{Y}}{\sqrt{\frac{1-f}{n}S^2}}\right| \leqslant z_{\alpha/2}\right\}=1-\alpha$$

相比较，易见

$$z_{\alpha/2}=\frac{\varepsilon}{\sqrt{\frac{1-f}{n}S^2}}$$

$$\frac{1-f}{n}S^2=\left(\frac{\varepsilon}{z_{\alpha/2}}\right)^2$$

$$\frac{1}{n}-\frac{1}{N}=\left(\frac{\varepsilon}{z_{\alpha/2}}\right)^2\Big/S^2$$

令

$$\vartheta=\frac{1}{\varepsilon}z_{\alpha/2}$$

表示精度，则

$$n_0=S^2\big/\vartheta^2$$

表示初始样本量，则相应的样本量n为

$$n=\frac{Nn_0}{N+n_0}=\frac{n_0}{1+n_0/N}$$

结合上面诸式，可以清楚发现样本量的影响因素及其作用机制。样本量n受制于总体规模N、总体方差S^2和要求的精度ϑ三个因子，与总体规模N和总体方差S^2皆呈正相关，与要求的精度ϑ平方的倒数呈正相关，而要求的精度ϑ与绝对误差ε成反比，与置信度$1-\alpha$的函数对称分位点$z_{\alpha/2}$成正比。这就是说，样本量n既受两个客观因素总体规模N和总体方差S^2的影响，也受两个主观因素绝对误差ε和置信度$\theta=f(r)=\frac{1}{2}\left[\log(1+r)-\log(1-r)\right]$的影响。

对于抽样设计而言，绝对误差ε和置信度$n=\frac{z_{\alpha/2}^2}{\varepsilon^2}+3$是视乎需要与可能而人为规定的，这些考虑包括：精度是否能够满足需要？为此必须付出的费用、时间等代价能否承担？等等。而总体规模N通常是已知的，关键的因素是总体方差S^2，很难预先给定，只能预估。

预估总体方差S^2主要有以下途径。

（1）根据自己前期同类调查获得的样本方差确定，有时遵从保守原则考虑做适当放大。

（2）根据他人前期同类调查获得的样本方差确定，有时遵从保守原则考虑做适当放大。

（3）参照相似调查获得的样本方差确定。

（4）根据某些理论研究结果确定。

（5）根据小规模的试调查或预调查的结果——样本方差确定。

（6）听从有经验的相关调查专家的意见。

虽然总体均值估计往往采用规定绝对误差—预估总体方差的技术路线确定样本量，但由于绝对误差规定或总体方差预估有时非常困难，人们在条件允许时则改用规定相对误差—预估总体变异系数的技术路线进行样本量确定，其理论依据为

$$\frac{1}{n}-\frac{1}{N}=\left(\frac{\varepsilon}{z_{\alpha/2}}\right)^2\Big/S^2=\left(\frac{r\overline{Y}}{z_{\alpha/2}}\right)^2\Big/S^2=\left(\frac{r}{z_{\alpha/2}}\right)^2\Big/\left(\frac{S}{\overline{\overline{Y}}}\right)^2=\left(\frac{r}{z_{\alpha/2}}\right)^2\Big/C^2$$

其中，

$$C=\frac{S}{\overline{\overline{Y}}}$$

表示总体变异系数，是总体标准差相对于总体均值的倍数。

与总体方差的预估相似，总体变异系数亦可循上述六条路径进行，但最可靠且可以不变应万变的途径为试调查和预调查。原因是除了政府、部分研究机构和少量大企业会从事一些连续性的调查，大多数机构的调查往往既无先例可循，亦无经验照搬。试调查的目的专为确定样本量，内容集中；而预调查可以看作整个调查的一部分，调查内容同正式调查完全一致。

第二节　分类变量区间估计的样本量确定

对于二分类变量，注意

$$\overline{Y}=\frac{1}{N}\sum_{i=1}^{N}Y_i=P$$

$$S^2=\frac{1}{N-1}\sum_{i=1}^{N}\left(Y_i-\overline{Y}\right)^2=\frac{NP(1-P)}{N-1}$$

$$C=\frac{S}{\overline{\overline{Y}}}=\sqrt{\frac{N}{N-1}\frac{(1-P)}{P}}\approx\sqrt{\frac{(1-P)}{P}}$$

代入

$$\frac{1}{n}=\frac{1}{N}+\left(\frac{\varepsilon}{z_{\alpha/2}}\right)^2\Big/S^2$$

和

$$\frac{1}{n}=\frac{1}{N}+\left(\frac{r}{z_{\alpha/2}}\right)^2\Big/C^2$$

分别可得

$$\frac{1}{n}=\frac{1}{N}+\left(\frac{\varepsilon}{z_{\alpha/2}}\right)^2\Big/P(1-P)$$

和

$$\frac{1}{n}=\frac{1}{N}+\left(\frac{r}{z_{\alpha/2}}\right)^2\left(\frac{P}{1-P}\right)$$

这两个公式分别适用于规定绝对误差—预估总体方差的技术路线与规定相对误差—预估总体变异系数的技术路线的二分类变量总体均值估计的样本量确定。

一般来说，当P不太小的时候，可采用规定绝对误差—预估总体方差的技术路线；然而当P很小时，则应采用规定相对误差—预估总体变异系数的技术路线，理由在于此时规定绝对误差非常困难，弄不好会出现绝对误差大于P本身大小的不合理情况，而规定相对误差却无此问题。在P可能极小时，相对误差甚至可以规定为50%。关于这一点，在第五章有更详细、更透彻的介绍。

除总体均值估计之外，总体方差估计是区间估计的另一重要内容。对于二分类变量，由于整个抽样被认为总体规模N是已知的，因此只要估计出总体均值P，就可根据公式

$$S^2=\frac{1}{N-1}\sum_{i=1}^{N}\left(Y_i-\bar{Y}\right)^2=\frac{NP(1-P)}{N-1}\approx P(1-P)$$

估计出总体方差S^2，所以估计总体方差S^2与估计总体均值P是等价的，所需样本量是相等的。说得更明白些，二分类变量的总体方差估计问题应简化为总体均值估计问题，唯一需要的是将总体方差的绝对误差$\left|\Delta\left[p(1-p)\right]\right|$变换为等价的总体均值的绝对误差$|\Delta p|$。

因

$$\Delta\left[p(1-p)\right]=\left[(1-p)\Delta p-p\Delta p\right]=(1-2p)\Delta p$$

故有

$$\left|(1-2p)\Delta p\right|\leqslant\varepsilon$$

及

$$|\Delta p|\leqslant\frac{\varepsilon}{|1-2p|}$$

即对总体均值P进行预估后便可确定总体方差的绝对误差ε，从而再得到总体均值的绝对误差限$|\Delta p|$。

总体均值P的预估途径与总体方差的预估途径基本类似，但更为简单，特别是采取试调查或预调查途径时，可以利用二分类变量的特有性质

$$P+(1-P)=1$$

方便地将预估对象选择为P和$1-P$中的较大一个。

对于数值变量，在理想条件下，$(n-1)\dfrac{s^2}{S^2}$服从卡方分布，其总体方差估计的

样本量确定采用给定相对误差的路线最为简单便捷。记 R 为相对误差，ε 为相对误差限，则

$$R=\frac{\left|s^2-S^2\right|}{S^2}=\left|\frac{s^2}{S^2}-1\right|\leqslant\varepsilon$$

要求相对误差 R 不超过 ε 的概率不低于 $1-\alpha$，表示为

$$P\{R\leqslant\varepsilon\}=1-\alpha$$

即

$$P\left\{\left|\frac{s^2}{S^2}-1\right|\leqslant\varepsilon\right\}=1-\alpha$$

相当于

$$P\left\{1-\varepsilon\leqslant\frac{s^2}{S^2}\leqslant1+\varepsilon\right\}=1-\alpha$$

而

$$(n-1)\frac{s^2}{S^2}\sim\chi^2(n-1)$$

χ^2 分布具有

$$P\left\{\chi^2_{1-\alpha}(n-1)/(n-1)\leqslant\frac{s^2}{S^2}\leqslant\chi^2_{\alpha}(n-1)/(n-1)\right\}=1-\alpha$$

的性质。于是将该式与

$$P\left\{1-\varepsilon\leqslant\frac{s^2}{S^2}\leqslant1+\varepsilon\right\}=1-\alpha$$

比较，可得两个方程构成的方程组

$$\begin{cases}\chi^2_{1-\alpha}(n-1)/(n-1)=1-\varepsilon\\ \chi^2_{\alpha}(n-1)/(n-1)=1+\varepsilon\end{cases}$$

查表或使用统计软件里的函数，可获得方程组的解；也可分别解两个方程，以其中较大者作为最终的样本量。

对于二分类以上的多分类变量，总体均值与总体方差无法像二分类变量那样经 0-1 变换借鉴数值变量的现成结果，总体均值与总体方差的维数增加了，则需进行多步 0-1 变换。例如，三分类变量其变量值分别为甲、乙、丙，需经两次 0-1 变换。第一步，将甲、乙、丙看成甲与非甲两类，抽出足以满足精度要求、能估计出甲的总体比例的个体，其相应样本量记为 $n_{甲}$；第二步，从第一步未抽出的 $N-n_{甲}$ 个个体中抽出能够满足精度要求、能估计出乙类总体比例的个体，其样本量记为 $n_{乙}$，注意逻辑上第一步抽出的个体仍旧可以视为第二步抽样的样本点，所以使用公式

$$\frac{1}{n}=\frac{1}{N}+\left(\frac{r}{z_{\alpha/2}}\right)^2\left(\frac{P}{1-P}\right)$$

分别求得

$$\frac{1}{n_{甲}}=\frac{1}{N}+\left(\frac{r}{z_{\alpha/2}}\right)^2\left(\frac{P_{甲}}{1-P_{甲}}\right)$$

$$\frac{1}{n_{乙}}=\frac{1}{N}+\left(\frac{r}{z_{\alpha/2}}\right)^2\left(\frac{P_{乙}}{1-P_{乙}}\right)$$

如果$n_{乙}>n_{甲}$，则从$N-n_{甲}$个个体中抽出$n_{乙}-n_{甲}$个个体，仍然以$n_{乙}$为最终的样本量n。至此还有两种情况需要做进一步处理。

（1）如果估计结果表明甲类或乙类的总体比例遭到高估，那么应将上述公式里的$P_{甲}$或$P_{乙}$用更小的$\hat{P}_{甲}$或$\hat{P}_{乙}$替代，重新计算$n_{甲}$或$n_{乙}$，然后从总体剩余的个体中补充抽样。

（2）如果估计结果表明甲类或乙类都不是总体比例最小的类，则应以公式

$$\frac{1}{n_{丙}}=\frac{1}{N}+\left(\frac{r}{z_{\alpha/2}}\right)^2\left(\frac{1-\hat{P}_{甲}-\hat{P}_{乙}}{\hat{P}_{甲}+\hat{P}_{乙}}\right)$$

确定的$n_{丙}$为最终的样本量n。更多分类的分类变量相应的样本量确定的做法是类似的，不过更为烦琐而已。当分类较多时比较妥善的方法是总体分布估计的样本量确定，参见第五章总体分布估计的样本量确定相关内容。

二分类以上的分类变量总体比例估计的样本量确定只宜采用规定相对误差—预估总体变异系数的技术路线，原因是分类数越多，绝对误差的规定越困难，一旦出现闪失其影响越大。

第三节　两阶段抽样总体均值估计的样本量确定

由最终受查个体构成的集合称为调查总体，抽样任务完成的标志是施查者接触到受查者。如果缺乏直接找到受查者的框，或者因为经费、时间、精力限制无法编制包括全部最终受查个体的抽样框，则依寄信寻址模式，先构造包括一些最终受查个体（最次级单元或最小单元）的次级单元框，如果没有次级单元框，则先编制或寻找包括一些次级单元的上一级次级单元框；直至找到初级单元框。这就像投递信件时，直接找到收信者个人的框很难，相当于进行人口普查，所费甚巨；编制住宅框稍易，居委会（村委会）次之，乡镇（街道）再次之，县级更次之，省级最易。所谓寄信寻址模式，就是先选择所属省份，再在选定省份之内选择所属县级，继之依次选择街道（乡镇）、居委会（村委会）直至住宅、个人。只有初级单元框是覆盖整个总体的，余下步骤都仅仅覆盖由上次级单元框中被抽中

的单元构成的次级单元框。与此相应的抽样方式是多阶段抽样。

多阶段抽样的样本量设计比较复杂。以两阶段抽样为例，在 N 个初级单元中，第 i 个初级单元中有 M_i 个次级单元，则总体规模为

$$\sum_{i=1}^{N} M_i = NM$$

其中，

$$M = \frac{1}{N}\sum_{i=1}^{N} M_i$$

如 N 较小，就意味着 M_i 平均很大，此时若采用整群抽样，一方面，哪怕仅抽一群，样本量也可能过大；另一方面，群间方差可能因群规模很大而过大，导致整体抽样精度很差。此时反而宜采取分层抽样。相反，如 N 很大，就意味着 M_i 平均较小，此时群间方差可能因群规模较小而相对不大，此时正宜采用整群抽样。介于这两种情形之间的是 N 较大、M_i 平均较大的情形，此时既不宜采用分层抽样（每个初级单元都要抽到），也不宜采用整群抽样（每个次级单元都要抽到），妥协的结果是抽出一部分初级单元，再对所抽出的初级单元里的次级单元进行二次抽样，这就是两阶段抽样设定的背景。

如果次级单元已经是可供调查的受查个体，根据抽样理论，则每个初级单元规模 M 相等且第二阶段为等比例两阶段抽样的抽样误差为

$$V\left(\bar{\bar{y}}\right) = \frac{1-f_1}{n}S_1^2 + \frac{1-f_2}{nm}S_2^2$$

$$S_1^2 = \frac{1}{N-1}\sum_{i=1}^{N}\left(\bar{Y}_i - \bar{\bar{Y}}\right)^2$$

$$S_2^2 = \frac{1}{N}\sum_{i=1}^{N} S_{2i}^2$$

$$S_{2i}^2 = \frac{1}{M-1}\sum_{j=1}^{M_i}(y_{2ij} - \bar{y}_{2i})^2$$

从公式里可以发现，误差由两部分构成，前一部分取决于

$$\frac{1}{n}S_1^2$$

后一部分取决于

$$\frac{1}{nm}S_2^2$$

一般来说，由于初级单元比其所包含的次级单元更为固定（如大部分省级行政区辖区变动并不频繁），涵盖时间空间范围更广，因而表示初级单元之间差异的 S_1^2（比 S_2^2）更具客观性且数值往往更大。反观 S_2^2，一方面，一个初级单元所包含的次级单元不那么固定（越小的行政区被撤并的概率往往越大），涵盖时间空

间范围较小，S_{2i}^2 数值往往比 S_1^2 要小很多。也就是说，第一部分中比值的分子通常会大于甚至远大于第二部分的分子，而其分母恰恰相反，所以第一部分的数值通常远大于第二部分。由此可知，两阶段抽样的误差大小主要取决于第一阶段的抽样误差。

考虑最简单的一种费用函数：

$$C = c_0 + c_1 n + c_2 nm$$

其中，c_0 表示固定费用，如管理费用等；c_1 表示初级单元的整群调查费用减去调查所包括的全部 M 个次级单元的直接费用 $c_2 M$ 后的间接费用，如联系费用、组织费用和分摊的差旅费用等；c_2 表示调查一个次级单元的直接费用，如给受访者的礼品费用、访员的计件单位报酬、分摊的交通费用等。

容易证明，当

$$(C - c_0)V(\bar{\bar{y}}) = \left(\frac{1-f_1}{n}S_1^2 + \frac{1-f_2}{nm}S_2^2\right)(c_1 n + c_2 nm) \to \min$$

时，

$$m^2 = \frac{c_1 S_2^2}{c_2\left(S_1^2 - \frac{1}{M}S_2^2\right)}$$

将其代入

$$C = c_0 + c_1 n + c_2 nm$$

可求得

$$n = \frac{C - c_0}{c_1 + c_2 m}$$

证明：注意

$$V(\bar{\bar{y}}) = \frac{1}{n}\left(S_1^2 - \frac{1}{M}S_2^2\right) + \frac{1}{nm}S_2^2 - \frac{1}{N}S_1^2$$

的最后一项

$$\frac{1}{N}S_1^2$$

与 n、m 都无关。令

$$\begin{aligned} Q &= (C - c_0)\left[V(\bar{\bar{y}}) + \frac{1}{N}S_1^2\right] = (c_1 n + c_2 nm)\left[\frac{1}{n}\left(S_1^2 - \frac{1}{M}S_2^2\right) + \frac{1}{nm}S_2^2\right] \\ &= (c_1 + c_2 m)\left[\left(S_1^2 - \frac{1}{M}S_2^2\right) + \frac{1}{m}S_2^2\right] \end{aligned}$$

$$\frac{\partial Q}{\partial m} = (c_1 + c_2 m)\left[\left(S_1^2 - \frac{1}{M}S_2^2\right) + \frac{1}{m}S_2^2\right]' + (c_1 + c_2 m)'\left[\left(S_1^2 - \frac{1}{M}S_2^2\right) + \frac{1}{m}S_2^2\right]$$

$$=(c_1+c_2m)\left(-\frac{1}{m^2}S_2^2\right)+c_2\left[\left(S_1^2-\frac{1}{M}S_2^2\right)+\frac{1}{m}S_2^2\right]$$
$$=c_2\left(S_1^2-\frac{1}{M}S_2^2\right)-c_1\left(\frac{1}{m^2}S_2^2\right)=0$$

则

$$m^2=\frac{c_1S_2^2}{c_2\left(S_1^2-\frac{1}{M}S_2^2\right)}$$

精度分析可通过计算设计效应进行。

$$\left(\frac{1-f_1}{n}S_1^2+\frac{1-f_2}{nm}S_2^2\right)=\hat{V}(\overline{p})=\frac{1-f_1f_2}{nm}\frac{1}{NM-1}\sum_{i=1}^{N}\sum_{j=1}^{M_i}\left(y_{ij}-\overline{y}\right)^2$$
$$=\frac{1-f_1f_2}{nm}\frac{1}{NM-1}\sum_{i=1}^{N}\sum_{j=1}^{M_i}\left[\left(y_{ij}-\overline{y}_i\right)+\left(\overline{y}_i-\overline{y}\right)\right]^2$$
$$=\frac{1-f_1f_2}{nm}\frac{1}{NM-1}\sum_{i=1}^{N}\sum_{j=1}^{M_i}\left[\left(y_{ij}-\overline{y}_i\right)^2+\left(\overline{y}_i-\overline{y}\right)^2\right.$$
$$\left.+2\left(y_{ij}-\overline{y}_i\right)\left(\overline{y}_i-\overline{y}\right)\right]$$
$$=\frac{1-f_1f_2}{nm}\frac{1}{NM-1}\sum_{i=1}^{N}\sum_{j=1}^{M_i}\left[\left(y_{ij}-\overline{y}_i\right)^2+\left(\overline{y}_i-\overline{y}\right)^2\right]$$
$$=\frac{1-f_1f_2}{nm}\frac{1}{NM-1}\left[\sum_{i=1}^{N}\sum_{j=1}^{M_i}\left(y_{ij}-\overline{y}_i\right)^2+\sum_{i=1}^{N}\sum_{j=1}^{M_i}\left(\overline{y}_i-\overline{y}\right)^2\right]$$
$$=\frac{1-f_1f_2}{nm}\frac{1}{NM-1}\left[N(M-1)\frac{1}{N(M-1)}\sum_{i=1}^{N}(M_i-1)\frac{1}{M_i-1}\right.$$
$$\left.\times\sum_{j=1}^{M_i}\left(y_{ij}-\overline{y}_i\right)^2+(N-1)M\frac{1}{N-1}\sum_{i=1}^{N}\left(\overline{y}_i-\overline{y}\right)^2\right]$$
$$=\frac{1-f_1f_2}{nm}\frac{1}{NM-1}\left[N(M-1)\frac{1}{N(M-1)}\sum_{i=1}^{N}(M_i-1)S_{2i}^2\right.$$
$$\left.+(N-1)MS_1^2\right]$$
$$=\frac{1-f_1f_2}{nm}\frac{1}{NM-1}\left[N(M-1)S_2^2+(N-1)MS_1^2\right]$$
$$\approx\frac{1-f_1f_2}{nm}\left[\left(1-\frac{1}{M}\right)S_2^2+\left(1-\frac{1}{N}\right)S_1^2\right]$$

设计效应

$$\text{deff}\approx\left[m(1-f_1)S_1^2+(1-f_2)S_2^2\right]\Big/\left[\left(1-\frac{1}{N}\right)S_1^2+\left(1-\frac{1}{M}\right)S_2^2\right](1-f_1f_2)$$

当估计目标是总体比例时，若两阶段抽样的第二阶段为等比例抽样，公式

$$V\left(\bar{\bar{y}}\right)=\frac{1-f_1}{n}S_1^2+\frac{1-f_2}{nm}S_2^2$$

将变为

$$V\left(\bar{\bar{y}}\right)=\frac{1-f_1}{n}P_1\left(1-P_1\right)+\frac{1-f_2}{nm}P_2\left(1-P_2\right)$$

其中，$S_1^2=P_1\left(1-P_1\right)$，$S_2^2=P_2\left(1-P_2\right)$。如果两者都视为$P\left(1-P\right)$，则

$$V\left(\bar{\bar{y}}\right)=\frac{1}{n}\left(1-f_1+\frac{1-f_2}{m}\right)P\left(1-P\right)$$

相应地，

$$\begin{aligned}\hat{V}\left(\bar{\bar{y}}\right)&=\frac{1-f_1}{n}\hat{S}_1^2+\frac{f_1\left(1-f_2\right)}{nm}\hat{S}_2^2\\&=\frac{1}{n}\left(1-f_1+f_1\frac{1-f_2}{m}\right)\hat{P}\left(1-\hat{P}\right)\end{aligned}$$

以减小抽样误差为目标的两阶段抽样提高精度的途径如下。

首选途径是加大第一阶段的样本量 n，即第一阶段多抽。第一阶段全抽，第二阶段不全抽的极端情形是一阶段分层抽样。在 m 确定时，分层抽样不仅精度高，若不考虑调查中的交通成本，其总费用也是最少的。

其次是加大第二阶段的样本量 m，即第二阶段多抽。第一阶段不全抽，第二阶段全抽的极端情形是一阶段的整群抽样。在 n 确定时，整群抽样不仅精度高，即使考虑调查的交通成本，其总费用也是最少的。

分层与整群抽样的性质似乎在告诉我们，抽样设计应该尽量减少阶段数。但是否采用二阶段抽样就像本节开始指出的那样，还有其他的考虑。例如，在劳动力抽样调查中，一方面，由于缺乏及时更新的住宅框或住户框，以及没有更复杂的居民/村民框，很难直接抽到住户或居民；另一方面，出于安全担忧，住户或居民很难接受不熟悉的人员入户访问，此外还有样本代表性以及各行政单位的工作量均衡的考虑，一般采用两阶段甚至多阶段的抽样，如为了借助行政力量，往往第一阶段抽到乡镇（街道）或居委会（村委会）或普查小区。然而因影响抽样误差的因素除了客观的$P\left(1-P\right)$之外，主要的、关键的、决定性的因素就是第一阶段抽样的样本量 n，所以抽样设计的思考方向之一是让第一阶段的抽样框能够满足样本量 n 较大的总体规模要求。一般地，为了使第一阶段的抽样框能够满足总体规模更大的要求，常常选择第一阶段抽到普查小区的抽样框。

普查小区由 80 户到 100 户居民构成，规模小且相比居委会（村委会）或乡镇（街道），住户或人口数的差异也小，既能满足 n 较大，又能满足初级单元、次级单元其方差都小的性质，是很理想的初级单元。

第一阶段抽样的样本量n，因

$$\frac{1}{n}=\frac{1}{N}+\frac{r^2}{z_{\alpha/2}^2}\frac{P}{1-P}$$

在不考虑其他因素的情况下，受 N 的正向影响，数量可以较大（否则代表性太差）；而第二阶段抽样的样本量 m，因其受 M_i 的影响，与 n 相比，不可能数量很大。理由是如考虑 $1-f_1+\frac{1-f_2}{m}$ 中 f_1 与 $\frac{1-f_2}{m}$ 符号相反，互相抵冲，总体影响降低，但 f_1 与 1 相比已经太小，抵冲后可忽略，于是抽样误差可近似表示为

$$V\left(\bar{\bar{y}}\right)=\frac{1}{n}\left(1-f_1+\frac{1-f_2}{m}\right)P\left(1-P\right)\approx\frac{1}{n}\left[1-\left(f_1-\frac{1-f_2}{m}\right)\right]P\left(1-P\right)\approx\frac{1}{n}P\left(1-P\right)$$

由于劳动力抽样调查中，无论抽样框是居委会框还是普查小区框，其 N 前者是 90 万个左右，后者是 450 万个左右，很明显 f_1 都小，而在居委会框中 M_i 即户数可能差异很大；在普查小区框中 M_i 则在 80 户到 100 户之间，差异较小，明显地，f_2 都不会太小，若再考虑到调查的成本效率，f_2 通常都会选取较大数值。比较而言，普查小区中的住户数目相差无几，相当于规模近似相等的整群抽样中的群，与规模不等的居委会（村委会）群相比，其群间总体方差自然较小。

于是次级单元构成的总体规模为相应普查小区 100 左右的住户，由普查小区构成的初级单元，性质也高度相似，其总体规模等于所辖住户数。

但因总费用与 nm 相关，虽然整群抽样可以大大减少调查中的交通成本，但也会增加现场其他调查费用，在总费用一定的约束下，这导致第一阶段的样本量 n 减小，从而降低精度，这是绝对不被允许的，好的设计必须考虑两者的均衡。

总之，对于劳动力调查而言，在现有可能的抽样框条件限制下，n 与 m 的平衡也是选择抽样框的最重要考虑因素。

一、第一阶段的样本量确定

假设总共 N 个普查小区，等距抽出 n 个普查小区。

$$\frac{1}{n}=\frac{1}{N}+\frac{r^2}{z_{\alpha/2}^2}\frac{P}{1-P}$$

其中，P 表示总体人口失业率的预估值，以过去三年的最小值为准；r 表示总体人口失业率估计的相对误差限，取劳动失业率相对误差的一半；置信度 $1-\alpha=95\%$；双侧标准百分位点为 1.96≈2。

二、第二阶段的样本量确定

一方面，由于 M_i 不超过 100 户，不能使用与第一阶段同样的公式，否则因 P 较小，由公式

$$\frac{1}{m_i}=\frac{1}{M_i}+\frac{r^2}{z_{\alpha/2}^2}\frac{P}{1-P}$$

所确定的 m_i 甚至将出现远远超过 M_i 多倍的不合理结果。

另一方面，设 $m_i=m$，$S_1^2=S_2^2=P(1-P)$，则

$$\frac{1-f_1}{n}S_1^2\bigg/\frac{1-f_2}{nm}S_2^2=\frac{m(1-f_1)}{1-f_2}\gg m$$

故简单地以圆形取样间隔 $k_i=\left[\frac{M_i}{m_i}\right]-1$ 进行稳健取样。

由于劳动力调查是连续进行的，属于监测性的调查，为了克服固定样本可能老化的弊端，需要进行样本轮换。

综合考虑，倾向于放慢轮换节奏，且采取随机滚动模式，实现乡镇（街道）范围内社区之间的轮换以及县（市）范围内的乡镇（街道）之间的轮换（要考虑小区灭失与新添，注意仍维持原属大区域）。

由于人口生老病死的自然更新规律是稳定的，迁徙也不太频繁，固定样本的老化程度可能并不高。

劳动力调查内容相对并不复杂，耗时不长，若采取社区普遍轮换的方式，当有助于消除攀比心理。

对于调查人员与基层政府工作人员来说，自然是少些轮换其负担较轻。

在可行的方案中，两个抽样阶段的抽样比和设计效应分别为

$$f_1\leqslant 0.01,\ 0.2\leqslant f_2\leqslant 1,\ m\geqslant 10$$

$$\text{deff}=1+\frac{1-f_2}{m(1-f_1)}=1+\frac{8}{9m}<1.09$$

由于对每个样本户进行普查，该deff是相对于对整个普查小区全面调查而言的，换言之，y_{ij} 本身就是户人口失业率，$\bar{y}_i$ 是普查小区的人口失业率，$\bar{\bar{y}}$ 是该省份的人口失业率。

至于总体方差的预估，也可以利用各省份人口失业率的历史最新数据，作为 $\bar{\bar{y}}=P$ 的预估值。

第四章　假设检验与区间估计的关系

通常的假设检验其实是总体分布特征区间估计的直接应用，因而可以采用更简单的步骤：先根据样本数据进行区间估计，给出相应置信度对应的置信区间，然后检查原假设的总体分布特征是否落在置信区间之内，如否拒绝原假设，如是则接受。以针对总体均值的双侧假设检验为例，分析如下。

注意

$$\bar{Y}=\bar{Y}_0 \Leftrightarrow \bar{Y}-\bar{Y}_0=0 \Leftrightarrow \left(\bar{Y}-\bar{y}\right)-\left(\bar{Y}_0-\bar{y}\right)=0$$

$$\Leftrightarrow \bar{Y}-\bar{y}=\bar{Y}_0-\bar{y} \Rightarrow \left|\bar{Y}-\bar{y}\right|=\left|\bar{Y}_0-\bar{y}\right|$$

于是，假设检验

原假设 H_0：$\bar{Y}=\bar{Y}_0$

备择假设 H_1：$\bar{Y}\neq\bar{Y}_0$

可以转换为

原假设 H_0：$\left|\bar{Y}-\bar{y}\right|=\left|\bar{Y}_0-\bar{y}\right|$

备择假设 H_1：$\left|\bar{Y}-\bar{y}\right|\neq\left|\bar{Y}_0-\bar{y}\right|$

然后，步骤如下。

（1）首先进行所关注参数总体均值的区间估计，得出$\left|\bar{Y}-\bar{y}\right|$。

（2）其次计算$\left|\bar{Y}_0-\bar{y}\right|$。

（3）最后比较$\left|\bar{Y}_0-\bar{y}\right|$与$\left|\bar{Y}-\bar{y}\right|$的大小，并进行判断。

假如$\left|\bar{Y}_0-\bar{y}\right|>\left|\bar{Y}-\bar{y}\right|$，则拒绝原假设；假如$\left|\bar{Y}_0-\bar{y}\right|\leqslant\left|\bar{Y}-\bar{y}\right|$，则拒绝备择假设。

更简单的判断方法是：如$\bar{Y}_0$落在$\bar{Y}$的置信区间内，则接受原假设；如$\bar{Y}_0$落在$\bar{Y}$的置信区间外，则拒绝原假设。也就是说，置信区间内就是接受域，置信区间外就是拒绝域。

这种基于绝对误差的假设检验方法，显然可以避免检验量值的计算与所谓 p 值的计算。由此可见，如果只关心是否拒绝原假设，那么基于区间估计的假设检验不仅过程简单而且道理明了。统计学的思想是以逻辑为准绳、以数据为依据，所以假设检验的合理基准是待检参数的统计量。当原假设提供的参数值与样本统计量值的差异超过基于中心极限定理定义的待估参数与样本统计量值的差异时，说明原假设提供的参数值“不准”或不如区间估计所得到的参数“更准”。

不过，除非全面调查，否则$\left|\bar{Y}-\bar{y}\right|$是未知的，只能通过区间估计理论

$$P\left\{\left|\bar{Y}-\bar{y}\right|\leqslant d\right\}=1-\alpha$$

获得在一定概率意义下的估计值：

$$\hat{d}=z_{\alpha/2}\sqrt{\frac{1-f}{n}}S$$

或

$$\hat{d}=t_{\alpha/2}(n-1)\sqrt{\frac{1-f}{n}}s$$

二者的区别在于总体方差是否已知。因此有下列检验规则。

在总体方差已知时，如$\left|\bar{Y}_0-\bar{y}\right|>z_{\alpha/2}\sqrt{\frac{1-f}{n}}S$，则拒绝原假设。

在总体方差未知时，如$\left|\bar{Y}_0-\bar{y}\right|>t_{\alpha/2}(n-1)\sqrt{\frac{1-f}{n}}s$，则拒绝原假设。

这种检验规则不仅可行也完全取代比较估计量与相应百分位点的假设检验模式，而且兼有直接利用区间估计的好处。

通常的假设检验模式是通过比较

$$z=\frac{\bar{Y}_0-\bar{y}}{\sqrt{\frac{1-f}{n}}S}$$

与$z_{\alpha/2}$或

$$t=\frac{\bar{Y}_0-\bar{y}}{\sqrt{\frac{1-f}{n}}s}$$

与$t_{\alpha/2}(n-1)$的大小，判断是否拒绝原假设，即如

$$z>z_{\alpha/2}$$

或

$$t>t_{\alpha/2}(n-1)$$

则拒绝原假设，否则不拒绝。由于z或t从公式上看均是在$\bar{Y}_0-\bar{y}$的基础上计算而来，是其标准化变换的结果，判断结论一致，而z或t的计算步骤比直接观察估计值是否处于置信区间要多出一步，显见没有必要。

因此，在一般情况下，假设检验的样本量确定可采用与区间估计样本量确定一致的套路。然而，不同的是，假设检验至少表面上缺少区间估计样本量确定公式中的一个已知条件：绝对误差限$\varDelta$，无法直接引用区间估计的样本量确定公式：

$$\frac{1}{n}=\frac{1}{N}+\frac{\varDelta^2}{z_{\alpha/2}^2S^2}$$

所以如果要就假设检验课题进行样本量设计，给定一个与原假设比较的绝对误差

容忍限度即 $\Delta=\left|\bar{Y}-\bar{Y}_0\right|$ 是必须的。

当然假设检验与区间估计的主体有些时候是不一致的，这时检验对象本身可能包含样本量检验的内容，从常规的检验统计量

$$z=\frac{\bar{Y}_0-\bar{y}}{\sqrt{\frac{1-f}{n}}S}$$

或

$$t=\frac{\bar{Y}_0-\bar{y}}{\sqrt{\frac{1-f}{n}}s}$$

的构成来看，检验对象包括三个组成部分：效应 $\left|\bar{Y}-\bar{Y}_0\right|$ 的估计 $\left|\bar{Y}_0-\bar{y}\right|$、$S$ 的估计 s、样本量 n。还有一个潜在因素是分布是否真为正态分布或 t 分布，即要么本来就服从正态分布或 t 分布，要么应满足中心极限定理的样本量要求

$$n=\left(\frac{33}{4\varepsilon}\right)^2\max\left[\left(\frac{E\left|Y_j-\mu\right|}{\sigma}\right)^3\right]^2$$

换言之，对比区间估计主体所确定的样本量而言，假设检验主体所需样本量是否足够也是要查证的一个重要方面，因而假设检验似乎不存在独特的样本量确定问题，只需在

$$n=\left(\frac{33}{4\varepsilon}\right)^2\max\left[\left(\frac{E\left|Y_j-\mu\right|}{\sigma}\right)^3\right]^2$$

$$n=\left(\frac{1}{N}+\frac{d^2}{z_{\alpha/2}^2S^2}\right)^{-1}$$

中选其大者即可。

以最简单的特殊情形为例，对于二分类变量

$$\begin{aligned}
n&=\left(\frac{33}{4\varepsilon}\right)^2\max\left[\left(\frac{E\left|Y_j-\mu\right|}{\sigma}\right)^3\right]^2\\
&=\left(\frac{33}{4\varepsilon}\right)^2\left\{\max\left[\frac{\left|(1-P)\right|P+\left|(0-P)\right|(1-P)}{\sqrt{(1-P)P}}\right]^3\right\}^2\\
&=\left(\frac{33}{4\varepsilon}\right)^2\max\left\{\left[2\sqrt{(1-P)P}\right]^3\right\}^2\\
&=\left(\frac{33\times 2}{\varepsilon}\right)^2\max\left[(1-P)P\right]^3
\end{aligned}$$

显然

$$n=\left[\frac{1}{N}+\frac{d^2}{z_{\alpha/2}^2P(1-P)}\right]^{-1}$$

或

$$n=\left[\frac{1}{N}+\frac{r^2P}{z_{\alpha/2}^2(1-P)}\right]^{-1}$$

与

$$n=\left(\frac{33\times 2}{\varepsilon}\right)^2\max\left[(1-P)P\right]^3$$

相比孰大孰小的答案取决于很多因素：分布的误差限 ε、总体均值的绝对误差限 d 或相对误差限 r、置信度 $1-\alpha$、总体方差 $P(1-P)$或总体优势比和总体规模 N。然而，问题越复杂，越不能假装其不存在。事实上，区间估计与完备的假设检验不仅样本量确定公式一致，在与中心极限定理的样本量的关系上也完全一致。不过，有一种区间估计与假设检验主体不一致的常见场合——产品质量检验（无论是生产过程中流水线上的检验，还是销售过程中的交付检验），样本量确定不仅存在而且不容忽视。

尽管从方法论角度，区间估计是更好的手段，但也存在明显不如假设检验的地方。

（1）区间估计用于检验时，只是结果的比较，而假设检验既有结果上的比较，也有过程中的比较，如在产品质量检验中常见的序贯抽样很少用于以估计为目的的抽样。

（2）区间估计仅仅聚焦于给定置信水平的分布特征估计或分布估计，较少聚焦于给定区间的概率估计。相比之下，基于统计学中分布、分位点、置信水平三者知二得一的规律，假设检验除了比较区间，还进行概率比较，这样其视角无疑更为开阔，手段也要相对丰富。区间估计未涉及 p 值统计量，但 p 值提供的信息是有价值的。

（3）区间估计在对一个随机变量或一个随机向量的分布或分布特征进行估计时，只关注第一类（弃真）错误，当然不需要也不涉及非常重要的第二类（取伪）错误的概念。假设检验有关两类错误的内容是独到的。注意原假设和备择假设关系的两种情形。

定义：对于显著性水平为 α 和 β 的检验，统计量符合原假设却错误地置于拒绝域中的概率称为弃真概率，也称为犯第一类错误的概率；统计量符合备择假设却错误地置于接受域中的概率称为取伪概率，也称为犯第二类错误的概率。$1-\beta$ 称为功效系数，简称功效。

情形一：有时原假设和备择假设是完备的，即二者构成完整的统计量的定义域或值域，此时第二类错误概率与第一类错误概率之和为 1，区间估计因而往往不提第二类错误，仅提第一类错误概率。此情形的假设检验与区间估计的样本量确定公式是统一的。

情形二：有时原假设和备择假设是不完备的，即二者并不能构成完整的统计量的定义域，第二类错误概率与第一类错误概率之和也不为 1，此时控制第二类错误概率的必要性便凸显出来，。

不完备情形的假设检验与统计估计和完备情形的假设检验相比，最显著的区别是所谓第二类错误。

第二类错误的概率 β 是在第一类错误概率 α 确定的前提下，在原假设 μ_0 为真的接受域中“混入”了备择假设 μ 为真的概率。

$$\begin{aligned}
&\int_{-z_{\alpha/2}}^{z_{\alpha/2}} \frac{1}{\sqrt{2\pi\sigma/\sqrt{n}}} \mathrm{e}^{-\frac{1}{2}\left(\frac{\bar{y}-\mu}{\sigma/\sqrt{n}}\right)^2} \mathrm{d}\bar{y} \\
&= \int_{-z_{\alpha/2}+\sqrt{n}(\mu_0-\mu)/\sigma}^{z_{\alpha/2}+\sqrt{n}(\mu_0-\mu)/\sigma} \frac{1}{\sqrt{2\pi}} \mathrm{e}^{-\frac{1}{2}x^2} \mathrm{d}x \\
&= \Phi\left[z_{\alpha/2} + \sqrt{n}\left(\mu_0 - \mu\right)/\sigma\right] - \Phi\left[-z_{\alpha/2} + \sqrt{n}\left(\mu_0 - \mu\right)/\sigma\right]
\end{aligned}$$

$\mu_0 - \mu > 0$，接受域右移相当于 μ_1 的位置左移，β 小，功效大。

$\mu_0 - \mu < 0$，接受域左移相当于 μ_1 的位置右移，β 大，功效小。

$\mu_0 - \mu = 0$，位置不变，$\beta = 1 - \alpha$，两者一致，接受意同“取伪”。

应该记住这个口诀：接受域里存取伪，拒绝域中有弃真。

第一节　不完备情形假设检验的一般步骤

不完备情形假设检验的一般步骤如下。

（1）根据所要解决的问题和检验的是何种总体分布特征，建立合适的原假设和备择假设。

（2）根据所要解决的问题给出容许的第一类错误概率和第二类错误概率。

（3）根据检验的是何种总体分布特征、其他分布特征的已知与否以及比较的是差还是商选定检验用统计量。

（4）根据检验用统计量服从的分布以及容许的第一类错误概率 α 和第二类错误概率 β，查出相应的分位点（临界值）。

（5）根据 α、β 和原假设及备择假设给定的总体分布特征值确定样本量和作为检验判断基准的临界值。

（6）以检验判断基准临界值划分拒绝域和接受域，利用样本数据计算检验用统计量的具体数值，若该值落入拒绝域，则拒绝原假设，否则保留原假设。

鉴于完备情形的假设检验完全可由区间估计替代，以下只讨论不完备情形的假设检验，这种不完备情形的假设检验主要用于产品抽样检验中，故讨论仅在这方面的设定背景下进行。不同于基于区间估计的假设检验，其样本量确定依赖区间估计环节，产品抽样检验需要专门进行样本量确定。

第二节　数值变量总体均值的 k 法检验

与变量值获取方式的术语有关，数值变量的总体均值检验也称计量抽样检验或计量检验，其中的 k 法是产品抽样检验中的常用方法之一。对于其中的单侧检验而言，在中心极限定理成立假设下，其抽样检验方案（N，n，k）非常简单，只需要确定 n 和 k 两个参数即可。其中，N 是总体规模（在产品抽样检验里也称批量），n 是不放回简单随机抽样方式的样本量，k 是单侧检验时的判断依据—临界值；μ_0 和 μ_1 都是事先给定/规定/约定的值，分别称为合格质量水平和极限质量水平。

一个典型的计量检验是单侧下限检验，此时生产方的质量水平控制限度是 $H_0:\mu\geqslant\mu_0$（或 $H_0:\bar{Y}\geqslant\bar{Y}_0$），要求在此限度内购买方拒收的概率不高于 α，即接收概率不低于 $1-\alpha$；购买方的质量水平控制限度是 $H_1:\mu\geqslant\mu_1$（或 $H_1:\bar{Y}\leqslant\bar{Y}_1$），申明超过此限度时拒收概率不低于 $1-\beta$，即接收的概率不高于 β。其中 $\mu_1<k<\mu_0$，μ_0 称为合格质量限，μ_1 称为极限质量限；α 是原本符合标准却判为不符合标准的概率，称为弃真概率或犯第一类错误的概率；β 是原本不符合标准却判为符合标准的概率，称为取伪概率或犯第二类错误的概率。

出于确保交易成功的考虑，在单侧下限检验里，恒有 $\mu_1<\mu_0$ 的约定；与此相对应，出于双方利益公平的考虑，恒有 $\beta>\alpha$ 的约定。

单侧检验虽有下限与上限之分，但原理是一样的，不妨只讨论单侧下限即 μ 越大越好的计量检验的情形。生产方主张当产品质量特性 Y 的总体均值 $\mu\geqslant\mu_0$ 时，购买方应认定该批产品是合格的。购买方主张当产品质量特性 Y 的总体均值 $\mu<\mu_1$，生产方应认定该批产品不合格。k 法的原理是，由于 $\mu_1<\mu_0$，两者之间存在一定的空间，允许在其中确定一个 k 值，使

$$\mu_1\leqslant k\leqslant\mu_0$$

统计学基于公正第三方的立场，主张以 k 值为临界值，当样本均值大于或等于 k 值时购买方应予以接收；当样本均值小于 k 值时生产方应承认购买方可以拒收的结果。如此统一标准后既可避免纠纷，加宽接受域，增加达成交易的机会，又可平衡双方利益，使双方都能得到“额外”好处：己方利益都有所提高，而第一类错误和第二类错误的概率都有所降低[①]，从而实现双赢。

① 这只是相对于双方原来的标准而言，从科学角度看第一类错误和第二类错误的概率是此消彼长的关系。

k法计量抽样检验方案的实质是对于特定的N，确立常数k和样本量n。理解k法，应记住以下口诀：接受域里存取伪，拒绝域中有弃真。生产一方忧失真，购买一方怕取伪。

k法的检验或判定准则为：当$\bar{y}\geqslant k$时，接收；当$\bar{y}<k$时，拒收。

y_i表示产品质量特性Y的变量的第i个随机样本点对应的变量值，在中心极限定理成立的条件下，样本均值$\bar{y}$服从正态分布。

将k法的下限计量检验的判定规则更“准确”地表达为：当$\mu=\mu_0$时，$P\{\bar{y}\geqslant k\}=1-\alpha$；当$\mu=\mu_1$时，$P\{\bar{y}<k\}=1-\beta$或$P\{\bar{y}\geqslant k\}=\beta$。

于是当总体/批方差σ^2已知时（注意这既非罕见的场合，在连续批的中后期阶段尤其如此，也不属于统计学理论中的不符合现实的假设），考虑$\mu=\mu_0$时，$\dfrac{\bar{y}-\mu_0}{\sigma/\sqrt{n}}$服从标准正态分布；$\mu=\mu_1$时，$\dfrac{\bar{y}-\mu_1}{\sigma/\sqrt{n}}$也服从标准正态分布。

则可将判断规则改写为

$$P\left\{\frac{\bar{y}-\mu_0}{\sigma/\sqrt{n}}\geqslant\frac{k-\mu_0}{\sigma/\sqrt{n}}\right\}=1-\alpha$$

$$P\left\{\frac{\bar{y}-\mu_1}{\sigma/\sqrt{n}}\geqslant\frac{k-\mu_1}{\sigma/\sqrt{n}}\right\}=\beta$$

可得

$$\frac{k-\mu_0}{\sigma/\sqrt{n}}=\Phi^{-1}(\alpha)=-z_\alpha$$

$$\frac{k-\mu_1}{\sigma/\sqrt{n}}=\Phi^{-1}(1-\beta)=-\Phi^{-1}(\beta)=z_\beta$$

联立这两个方程即可得到优美无比的经典公式：

$$n=\left[\frac{\Phi^{-1}(\alpha)+\Phi^{-1}(\beta)}{\mu_1-\mu_0}\right]^2\sigma^2=\left(\frac{z_\alpha+z_\beta}{\mu_1-\mu_0}\right)^2\sigma^2$$

$$k=\frac{\mu_1\Phi^{-1}(\alpha)+\Phi^{-1}(\beta)\ \mu_0}{\Phi^{-1}(\alpha)+\Phi^{-1}(\beta)}=\frac{\mu_1 z_\alpha+z_\beta\mu_0}{z_\alpha+z_\beta}$$

即著名的瓦尔德经典公式，是瓦尔德1947年就获得的十分完美的结果。

可能有人会问，原假设与备择假设怎么可能同时成立？事实上，原假设与备择假设的地位是平等的，允许同时成立，只是概率大小不同而已。

比较这里的样本量公式与区间估计的样本量公式

$$\frac{1}{n}=\frac{1}{N}+\frac{\Delta^2}{z_{\alpha/2}^2S^2}$$

可以发现，$|\mu_1-\mu_0|$实际上起着与Δ同样的作用，若再精细一点，在样本量确定

时，令 $\Delta=|\mu_1-\mu_0|/2$，$z_{\alpha/2}=(z_\alpha+z_\beta)/2$，$N=\infty$，则

$$n=\left[\frac{\Phi^{-1}(\alpha)+\Phi^{-1}(\beta)}{\mu_1-\mu_0}\right]^2\sigma^2=\left(\frac{z_\alpha+z_\beta}{\mu_1-\mu_0}\right)^2\sigma^2$$

可以解释为总体均值双侧检验在总体规模无穷大时的样本量确定与区间估计是相当的。

当总体/批方差 σ^2 未知但相等时如何处理呢？

方差未知在孤立批或连续批的头几批中是常见的，方差相等对于流水线条件下的产品检验也是并不少见的情形。仍假设中心极限定理成立，并将 μ_0 与 μ_1 一样对待，则根据正态分布的性质可知

$$\frac{\bar{y}-\mu_0}{\sigma/\sqrt{n}}\sim N(0,1),\quad \frac{\bar{y}-\mu_1}{\sigma/\sqrt{n}}\sim N(0,1)$$

$$(n-1)s^2/\sigma^2\sim\chi^2(n-1)$$

并且有样本均值与样本方差彼此独立。于是

$$\frac{\bar{y}-\mu_0}{\sigma/\sqrt{n}}\bigg/\left[\frac{(n-1)s^2/\sigma^2}{(n-1)}\right]^{1/2}\sim t(n-1)$$

$$\frac{\bar{y}-\mu_1}{\sigma/\sqrt{n}}\bigg/\left[\frac{(n-1)s^2/\sigma^2}{(n-1)}\right]^{1/2}\sim t(n-1)$$

化简为

$$\frac{\bar{y}-\mu_0}{s/\sqrt{n}}\sim t(n-1)$$

$$\frac{\bar{y}-\mu_1}{s/\sqrt{n}}\sim t(n-1)$$

此时判断规则可改写为

$$P\left\{\frac{\bar{y}-\mu_0}{s/\sqrt{n}}\geqslant\frac{k-\mu_0}{s/\sqrt{n}}\right\}=1-\alpha$$

$$P\left\{\frac{\bar{y}-\mu_1}{s/\sqrt{n}}\geqslant\frac{k-\mu_1}{s/\sqrt{n}}\right\}=\beta$$

$$\frac{k-\mu_1}{s/\sqrt{n}}=t_\beta(n-1)$$

相当于

$$\frac{k-\mu_0}{s/\sqrt{n}}=t_{1-\alpha}(n-1)=-t_\alpha(n-1)$$

$$\frac{k-\mu_1}{s/\sqrt{n}}=t_\beta(n-1)$$

相当于

$$\frac{\mu_1-\mu_0}{s/\sqrt{n}}=-t_\beta(n-1)-t_\alpha(n-1)$$

解得

$$n=\left[\frac{t_\beta(n-1)+t_\alpha(n-1)}{\mu_1-\mu_0}\right]^2 s^2$$

将此结果代入

$$\frac{k-\mu_1}{s/\sqrt{n}}=t_\beta(n-1)$$

或

$$\frac{k-\mu_0}{s/\sqrt{n}}=-t_\alpha(n-1)$$

中，解出

$$k=\frac{\mu_1 t_\alpha(n-1)+\mu_0 t_\beta(n-1)}{t_\alpha(n-1)+t_\beta(n-1)}$$

这里的公式极其简洁，完全可与总体方差已知时的瓦尔德公式相媲美，且与瓦尔德公式的联系十分清晰，只是以 t 分布代替标准正态分布而已[①]。

在经典公式中，将总体方差已知的公式的标准正态分布百分位点替换为自由度为 $n-1$ 的中心 t 分布百分位点，用样本方差替代总体方差，即可变成总体方差未知的公式。其实这在统计量 $\frac{\overline{y}-\mu_0}{s/\sqrt{n}}$ 与 $\frac{\overline{y}-\mu_0}{\sigma/\sqrt{n}}$ 的差异上已经有所暗示，前者服从中心 t 分布，后者服从标准正态分布。需要注意的是，这是精确的结果，比起其他教科书的近似结果，不仅精确而且简洁，更容易解释。

美中不足的是，公式

$$n=\left[\frac{t_\beta(n-1)+t_\alpha(n-1)}{\mu_1-\mu_0}\right]^2 s^2$$

右边存在以 n 为参数的 t 分布的百分位点，无法直接给出解析解。围绕这一问题，国内一些学者就此提出了一些名为动差法的解决办法，也有学者通过将假设值代入算出相应参数的方法编成数学用表[②]，并用于我国的国标编制中，即通过列出不同的但有限的 α 、β 等试算结果，让使用者查表，但这些方法的通病是不仅烦琐、不灵活，而且也不适用当今计算机及软件普及的情况。

针对这些瑕疵，作者研究发现可尝试通过迭代法求得最终的 n。步骤是：首先

① 北京工业大学的于善奇教授给出了这一公式。

② 参见于善奇《统计方法引论》，北京：北京工业大学出版社，2014。

以 z_α 和 z_β 代替 $t_\alpha(n-1)$ 和 $t_\beta(n-1)$，求出一个 n^*，将 n^* 代入等式右端 $t_\alpha(n-1)$ 和 $t_\beta(n-1)$，再求出新的 n^*；重复上述步骤直至 n^* 稳定下来不再变化为止。反复尝试的结果表明，迭代的收敛速度很快，这得益于 t 分布和标准正态分布的高度近似，比较 t 分布和标准正态分布图容易发现，两者差异不大，且差异随 n 增加而减小。

已知：$\mu_1 = 72$，$\mu_0 = 70$，$\alpha = 0.05$，$\beta = 0.10$，$z_\alpha = 1.645$，$z_\beta = 1.283$，$s = \sqrt{6}$。

解：

$$n = \left[\frac{t_\beta(n-1) + t_\alpha(n-1)}{\mu_1 - \mu_0}\right]^2 s^2$$

$$t_\alpha(n-1) = z_\alpha = 1.645$$

$$t_\beta(n-1) = z_\beta = 1.283$$

$$n^* = \left[\frac{t_\beta(n-1) + t_\alpha(n-1)}{\mu_1 - \mu_0}\right]^2 s^2$$

$$= 6 \times \left(\frac{1.645 + 1.283}{72 - 70}\right)^2 = 12.85978 \approx 13$$

样本量确定步骤如表 4-1 所示。

表 4-1　样本量确定步骤

序号	$t_\beta(n-1)$	$t_\alpha(n-1)$	s^2	n^*
1	1.283	1.645	6	13
2	1.3562	1.7823	6	15
3	1.345	1.7613	6	14
4	1.3502	1.7709	6	15
5	1.345	1.7613	6	14
6	1.3502	1.7709	6	15

计算结果表明，样本量在 14 与 15 之间，依据保守原则，最终样本量取为 15。

第三节　数值变量总体均值的双侧检验

在中心极限定理成立的假设之下，总体方差 σ^2 已知①时双侧计量检验的问题可以展示如下。

假设产品的质量特性变量 $Y \sim N(\mu, \sigma^2)$ ②，方差 σ^2 已知，相应检验的判定规则如下。

当 $\mu_0' \leqslant \mu \leqslant \mu_1'$ 时，质量是合格的，应予接收。

① 产品质量检验里总体方差已知的情形既非罕见的场合（在连续批的中后期阶段就是如此），亦非统计学理论中的不符合现实的假设。

② 正态分布的假设其实并不必要，之所以做这一假设无非让推导看起来顺畅一些。

当 $\mu<\mu_0''$ 或 $\mu>\mu_1''$ 时，质量不合格，不予接收。

其中，μ 为质量特性变量的总体均值，μ_0'、μ_1' 分别为质量特性变量总体均值的下限和上限，是生产方（卖方）制定的或声称的质量控制标准，简称质量下限或质量上限；μ_0''、μ_1'' 分别为质量特性变量总体均值的下限和上限，是购买方（买方）制定的或申明的质量标准，简称极限质量下限或极限质量上限。依常理[①]应有 $\mu_0''<\mu_0'$ 及 $\mu_1'<\mu_1''$（即买方标准低于卖方标准，否则双方的交易无法进行）。

计量抽样检验方案的目标是当 $\mu=\mu_0'$ 或 $\mu=\mu_1'$ 时，以不低于 $1-\alpha_0$ 或 $1-\alpha_1$ 的概率接收；当 $\mu=\mu_0''$ 或 $\mu=\mu_1''$ 时，以不高于 β_0 或 β_1 的概率接收。由于样本均值

$$\overline{y}=\frac{1}{n}\sum_{i=1}^{n}y_i$$

是批期望（即规模为 N 的总体的期望）μ 的简单估计量，k 法的检验思想是出于避免 $\overline{y}$ 位于质量下限与极限质量下限（位于质量上限与极限质量上限也类似）的中间地带而造成结论模糊以保证交易顺利的考虑，在 μ_0' 和 μ_0'' 之间确定一个 k'，在 μ_1' 和 μ_1'' 之间确定一个 k''，将检验的判定规则统一为：当 $k'\leqslant\overline{y}\leqslant k''$ 时，接收；否则拒收。

这意味着判定规则变为：

当 $\mu=\mu_0''$ 时，接收概率 $P\{k'\leqslant\overline{y}\}\leqslant\beta_0$；

当 $\mu=\mu_0'$ 时，接收概率 $P\{k'\leqslant\overline{y}\leqslant k''\}\geqslant 1-\alpha_0$；

当 $\mu=\mu_1'$ 时，接收概率 $P\{k'\leqslant\overline{y}\leqslant k''\}\geqslant 1-\alpha_1$；

当 $\mu=\mu_1''$ 时，接收概率 $P\{\overline{y}\leqslant k''\}\leqslant\beta_1$。

其中，β_0 为 $\mu=\mu_0''$ 时的最大接收概率，β_1 为 $\mu=\mu_1''$ 时的最大接收概率，β_0 和 β_1 称为容许最大取伪概率；$1-\alpha_0$ 是 $\mu=\mu_0'$ 时的最小接收概率，$1-\alpha_1$ 是 $\mu=\mu_1'$ 时的最小接收概率，α_0 和 α_1 称为容许最大弃真概率。

目标任务是由已知的 σ^2 和给定的 μ_0'、μ_0''、μ_1'、μ_1''、$1-\alpha_0$、$1-\alpha_1$、β_0、β_1 这九个已知参数求出 n、k'、k'' 三个未知参数，最终得到总体方差已知的双侧计量检验方案（N[②]，n，k'，k''）。为了清楚起见，将问题表示为图 4-1。

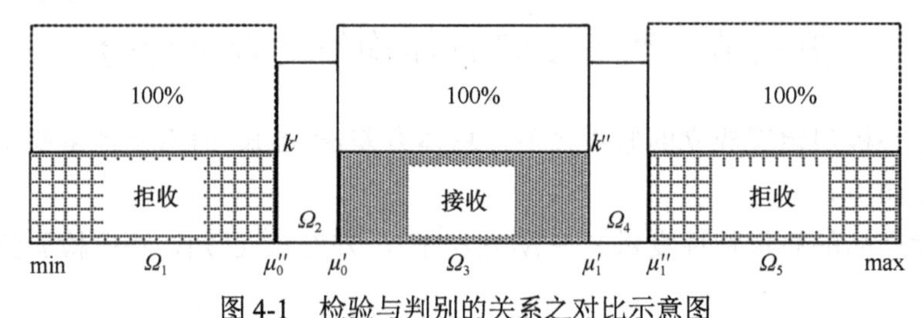

图 4-1　检验与判别的关系之对比示意图

在此检验问题被看成判别问题，双侧计量检验的判定规则如下。

① 如果买方标准优于卖方标准，交易无法进行。

② 由于假设中心极限定理成立，N 总是很大，故对方案并无实质影响。

当$\overline{y}\in\Omega_3$时，接收；当$\overline{y}\in\Omega_1$时，拒收；当$\overline{y}\in\Omega_5$时，拒收。这三种场合中，结论是明确的，所以讨论只是针对另外两种场合进行。

当$\overline{y}\in\Omega_2$时，确定一个临界值k'，$\mu_0''<k'<\mu_0'$，若$\overline{y}<k'$，以低概率接收，取伪概率控制在不超过β_0的水平；若$\overline{y}\geqslant k'$，以高概率接收，弃真概率控制在不超过α_0的水平。

当$\overline{y}\in\Omega_4$时，确定一个临界值k''，$\mu_1'<k''<\mu_1''$，若$\overline{y}>k''$，以低概率接收，取伪概率控制在不超过β_1的水平；若$\overline{y}\leqslant k''$，以高概率接收，弃真概率控制在不超过$\alpha_1$的水平。

一般地，总有取伪概率大于弃真概率的约定[①]，故有$\beta_0>\alpha_0$及$\beta_1>\alpha_1$。

检验与判别关系对比的参数比较如图 4-2 所示。

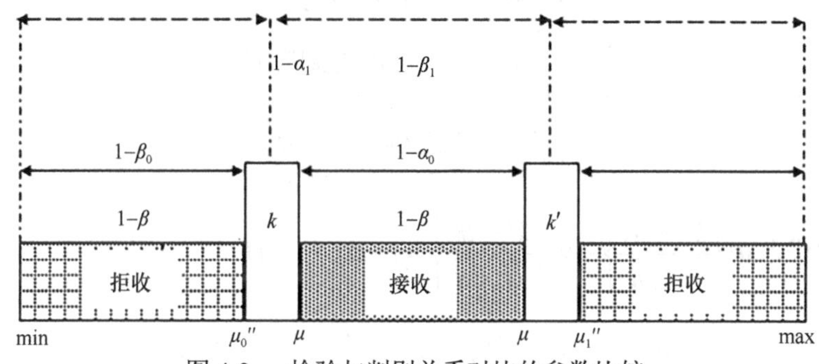

图 4-2　检验与判别关系对比的参数比较

为易于求解，我们去掉判定规则的四个不等式方程中的不等号，只保留等号，并综合弃真取伪两种情况，则可分别将概率方程组表示如下。

当$\overline{y}\in\Omega_2$时，$P\{k'\leqslant\overline{y}\}=\beta_0$，且$P\{k'\leqslant\overline{y}\leqslant k''\}=1-\alpha_0$。

当$\overline{y}\in\Omega_4$时，$P\{\overline{y}\leqslant k''\}=\beta_1$，且$P\{k'\leqslant\overline{y}\leqslant k''\}=1-\alpha_1$。

由上可以得到，当$\overline{y}\in\Omega_4$时，

$$\begin{cases}P\left\{\dfrac{k'-\mu_1'}{\sigma/\sqrt{n}}\leqslant\dfrac{\overline{y}-\mu_1'}{\sigma/\sqrt{n}}\leqslant\dfrac{k''-\mu_1'}{\sigma/\sqrt{n}}\right\}=1-\alpha_1\\ P\left\{\dfrac{\overline{y}-\mu_1''}{\sigma/\sqrt{n}}\leqslant\dfrac{k''-\mu_1''}{\sigma/\sqrt{n}}\right\}=\beta_1\end{cases}$$

由此解得

$$\begin{cases}\Phi\left\{\dfrac{k''-\mu_1'}{\sigma/\sqrt{n}}\right\}-\Phi\left\{\dfrac{k'-\mu_1'}{\sigma/\sqrt{n}}\right\}=1-\alpha_1\\ \dfrac{k''-\mu_1''}{\sigma/\sqrt{n}}=-z_{\beta_1}\end{cases}$$

---

① 弃真相当于卖方销售了一个合格产品却被弃用，损失偏大；取伪相当于买方购置了一个次品，然而次品可能只是部分功能失效，损失偏小，考虑交易双方的权益平衡，故有此常例。这与统计学无关。武器等产品也不例外，虽然其缺陷可能引致严重的后果，但其损失就如同其收益一样并不会完全归于生产方或卖方。

当$\overline{y}\in\Omega_2$时，

$$\begin{cases}P\left\{\dfrac{k'-\mu_0''}{\sigma/\sqrt{n}}\leqslant\dfrac{\overline{y}-\mu_0''}{\sigma/\sqrt{n}}\right\}=\beta_0\\P\left\{\dfrac{k'-\mu_0'}{\sigma/\sqrt{n}}\leqslant\dfrac{\overline{y}-\mu_0'}{\sigma/\sqrt{n}}\leqslant\dfrac{k''-\mu_0'}{\sigma/\sqrt{n}}\right\}=1-\alpha_0\end{cases}$$

由此解得

$$\begin{cases}\dfrac{k'-\mu_0''}{\sigma/\sqrt{n}}=z_{\beta_0}\\\varPhi\left\{\dfrac{k''-\mu_0'}{\sigma/\sqrt{n}}\right\}-\varPhi\left\{\dfrac{k'-\mu_0'}{\sigma/\sqrt{n}}\right\}=1-\alpha_0\end{cases}$$

联立$\dfrac{k'-\mu_0''}{\sigma/\sqrt{n}}=z_{\beta_0}$和$\dfrac{k''-\mu_1''}{\sigma/\sqrt{n}}=-z_{\beta_1}$，可以得到等式

$$\sigma/\sqrt{n}=\frac{k'-\mu_0''}{z_{\beta_0}}=\frac{k''-\mu_1''}{-z_{\beta_1}}$$

将此代入$\varPhi\left\{\dfrac{k''-\mu_0'}{\sigma/\sqrt{n}}\right\}-\varPhi\left\{\dfrac{k'-\mu_0'}{\sigma/\sqrt{n}}\right\}=1-\alpha_0$中，有

$$\varPhi\left\{-z_{\beta_1}\frac{k''-\mu_0'}{k''-\mu_1''}\right\}-\varPhi\left\{z_{\beta_0}\frac{k'-\mu_0'}{k'-\mu_0''}\right\}=1-\alpha_0$$

代入$\varPhi\left\{\dfrac{k''-\mu_1'}{\sigma/\sqrt{n}}\right\}-\varPhi\left\{\dfrac{k'-\mu_1'}{\sigma/\sqrt{n}}\right\}=1-\alpha_1$中，有

$$\varPhi\left\{-z_{\beta_1}\frac{k''-\mu_1'}{k''-\mu_1''}\right\}-\varPhi\left\{z_{\beta_0}\frac{k'-\mu_1'}{k'-\mu_0''}\right\}=1-\alpha_1$$

于是，根据对称百分位点的性质可有

$$-z_{\beta_1}\frac{k''-\mu_0'}{k''-\mu_1''}=z_{\alpha_0/2},\quad z_{\beta_0}\frac{k'-\mu_0'}{k'-\mu_0''}=-z_{\alpha_0/2}$$

$$-z_{\beta_1}\frac{k''-\mu_1'}{k''-\mu_1''}=z_{\alpha_1/2},\quad z_{\beta_0}\frac{k'-\mu_1'}{k'-\mu_0''}=-z_{\alpha_1/2}$$

联立包含k'的两个方程，解得

$$z_{\beta_0}\left(k'-\mu_0'\right)+z_{\alpha_0/2}\left(k'-\mu_0''\right)=0$$

$$z_{\beta_0}\left(k'-\mu_1'\right)+z_{\alpha_1/2}\left(k'-\mu_0''\right)=0$$

$$\left[\left(z_{\alpha_0/2}+z_{\alpha_1/2}\right)+2z_{\beta_0}\right]k'=\left(z_{\alpha_0/2}+z_{\alpha_1/2}\right)\mu_0''+z_{\beta_0}\left(\mu_0'+\mu_1'\right)$$

$$k'=\frac{\left(z_{\alpha_0/2}+z_{\alpha_1/2}\right)\mu_0''+z_{\beta_0}\left(\mu_0'+\mu_1'\right)}{\left(z_{\alpha_0/2}+z_{\alpha_1/2}\right)+2z_{\beta_0}}$$

同理可得

$$k''=\frac{\left(z_{\alpha_0/2}+z_{\alpha_1/2}\right)\mu_1''+z_{\beta_1}\left(\mu_0'+\mu_1'\right)}{\left(z_{\alpha_0/2}+z_{\alpha_1/2}\right)+2z_{\beta_1}}$$

将以上结果代入$\sigma/\sqrt{n}=\dfrac{k'-\mu_0''}{z_{\beta_0}}=\dfrac{k''-\mu_1''}{-z_{\beta_1}}$后，分别解得

$$n_0=\left[\frac{\left(z_{\alpha_0/2}+z_{\alpha_1/2}\right)+2z_{\beta_0}}{\left(\mu_0'+\mu_1'\right)-2\mu_0''}\right]\sigma^2$$

$$n_1=\left[\frac{\left(z_{\alpha_0/2}+z_{\alpha_1/2}\right)+2z_{\beta_1}}{2\mu_1''-\left(\mu_0'+\mu_1'\right)}\right]\sigma^2$$

因样本量确定须秉承稳健原则，且只能是正整数，所以最终解为

$$\begin{aligned}n&=\operatorname{int}\{\max\{n_0,n_1\}\}+1\\&=\operatorname{int}\left\{\max\left\{\left[\frac{\left(z_{\alpha_0/2}+z_{\alpha_1/2}\right)+2z_{\beta_0}}{\left(\mu_0'+\mu_1'\right)-2\mu_0''}\right]\sigma^2,\left[\frac{\left(z_{\alpha_0/2}+z_{\alpha_1/2}\right)+2z_{\beta_1}}{2\mu_1''-\left(\mu_0'+\mu_1'\right)}\right]\sigma^2\right\}\right\}+1\end{aligned}$$

这样方案中原来的三个未知参数均已确定，于是即可给出最终方案（N，n，k'，k''），其中

$$n=\operatorname{int}\left\{\max\left\{\left[\frac{\left(z_{\alpha_0/2}+z_{\alpha_1/2}\right)+2z_{\beta_0}}{\left(\mu_0'+\mu_1'\right)-2\mu_0''}\right]\sigma^2,\left[\frac{\left(z_{\alpha_0/2}+z_{\alpha_1/2}\right)+2z_{\beta_1}}{2\mu_1''-\left(\mu_0'+\mu_1'\right)}\right]\sigma^2\right\}\right\}+1$$

$$k'=\frac{\left(z_{\alpha_0/2}+z_{\alpha_1/2}\right)\mu_0''+z_{\beta_0}\left(\mu_0'+\mu_1'\right)}{\left(z_{\alpha_0/2}+z_{\alpha_1/2}\right)+2z_{\beta_0}}$$

$$k''=\frac{\left(z_{\alpha_0/2}+z_{\alpha_1/2}\right)\mu_1''+z_{\beta_1}\left(\mu_0'+\mu_1'\right)}{\left(z_{\alpha_0/2}+z_{\alpha_1/2}\right)+2z_{\beta_1}}$$

关于其中的样本量公式，公式包含了所有给定参数，其含义清楚合理，如任何一端的取伪概率和弃真概率变小都会导致样本量增加，反之则反；总体方差变大总会引起样本量增加，反之则反；质量上限或下限与同侧极限质量上限或下限之间的距离变小都会引致样本量增加，反之则反。

对于下限，公式包含了除极端质量水平的上限μ_1''和相应的取伪概率β_1外的所有给定参数。对于下限，相反地，则恰好包含了除极端质量水平的下限μ_0''和相应的取伪概率β_0外的所有给定参数。

由于该方案属于一般性的，概括了双侧计量检验的所有特殊情形，其应用价值极高。例如，对于$\beta_0=\beta_1=\beta$即两端取伪概率相等的情形，则方案可以表示为

$$n=\mathrm{int}\left\{\max\left\{\left[\frac{\left(z_{\alpha_0/2}+z_{\alpha_1/2}\right)+2z_\beta}{\left(\mu_0'+\mu_1'\right)-2\mu_0''}\right]\sigma^2,\left[\frac{\left(z_{\alpha_0/2}+z_{\alpha_1/2}\right)+2z_\beta}{2\mu_1''-\left(\mu_0'+\mu_1'\right)}\right]\sigma^2\right\}\right\}+1$$

$$k'=\frac{\left(z_{\alpha_0/2}+z_{\alpha_1/2}\right)\mu_0''+z_{\beta_0}\left(\mu_0'+\mu_1'\right)}{\left(z_{\alpha_0/2}+z_{\alpha_1/2}\right)+2z_\beta}$$

$$k''=\frac{\left(z_{\alpha_0/2}+z_{\alpha_1/2}\right)\mu_1''+z_{\beta_1}\left(\mu_0'+\mu_1'\right)}{\left(z_{\alpha_0/2}+z_{\alpha_1/2}\right)+2z_\beta}$$

反过来，如果只是弃真概率相等：$\alpha_0=\alpha_1=\alpha$，则方案可以表示为以下形式：

$$n=\mathrm{int}\left\{\max\left\{\left[\frac{2z_{\alpha/2}+2z_{\beta_0}}{\left(\mu_0'+\mu_1'\right)-2\mu_0''}\right]\sigma^2,\left[\frac{2z_{\alpha/2}+2z_{\beta_1}}{2\mu_1''-\left(\mu_0'+\mu_1'\right)}\right]\sigma^2\right\}\right\}+1$$

$$k'=\frac{2z_{\alpha/2}\mu_0''+z_{\beta_0}\left(\mu_0'+\mu_1'\right)}{2z_{\alpha/2}+2z_{\beta_0}}$$

$$k''=\frac{2z_{\alpha/2}\mu_1''+z_{\beta_1}\left(\mu_0'+\mu_1'\right)}{2z_{\alpha/2}+2z_{\beta_1}}$$

进一步，如果弃真概率与取伪概率两者都相等：$\alpha_0=\alpha_1=\alpha$ 且 $\beta_0=\beta_1=\beta$，则方案可以表示为极简明的形式：

$$n=\mathrm{int}\left\{\max\left\{\left[\frac{2z_{\alpha/2}+2z_\beta}{\left(\mu_0'+\mu_1'\right)-2\mu_0''}\right]\sigma^2,\left[\frac{2z_{\alpha/2}+2z_\beta}{2\mu_1''-\left(\mu_0'+\mu_1'\right)}\right]\sigma^2\right\}\right\}+1$$

$$k'=\frac{z_{\alpha/2}\mu_0''+z_\beta\bar{\mu}}{z_{\alpha/2}+z_\beta}$$

$$k''=\frac{z_{\alpha/2}\mu_1''+z_\beta\bar{\mu}}{z_{\alpha/2}+z_\beta}$$

一方面，需要注意的是，由于样本量

$$n=\mathrm{int}\left\{\max\left\{\left[\frac{\left(z_{\alpha_0/2}+z_{\alpha_1/2}\right)+2z_{\beta_0}}{\left(\mu_0'+\mu_1'\right)-2\mu_0''}\right]\sigma^2,\left[\frac{\left(z_{\alpha_0/2}+z_{\alpha_1/2}\right)+2z_{\beta_1}}{2\mu_1''-\left(\mu_0'+\mu_1'\right)}\right]\sigma^2\right\}\right\}+1$$

中的 σ^2 属于客观存在，取决于批产品的生产能力和质量管理能力，在检验环节并无人为调整的余地，而样本量不能小于 1，所以弃真概率 α 和取伪概率 β 的水平不能定得过低，否则可能出现 n 过小的不合理情形。

此外，质量上限或下限与同侧极限质量上限或下限之间的距离即 $|\mu_1''-\bar{\mu}|$ 或 $|\mu_1''-\mu_1'|$ 以及 $|\bar{\mu}-\mu_0''|$ 或 $|\mu_0'-\mu_0''|$ 过大是不被允许的，由于

$$|\mu_0'-\mu_0''|=\left(z_{\alpha_0/2}+z_{\beta_0}\right)\sigma，|\mu_1''-\mu_1'|=\left(z_{\alpha_1/2}+z_{\beta_1}\right)\sigma$$

也就是说，方差 σ^2 很小时，距离过大会导致置信度与显著度过大。然而 $|\mu_0'-\mu_0''|$

或$|\mu_1''-\mu_1'|$过小也是不妥的，否则n又会过大。

例子：一批电阻元件，其质量特性为电阻值，规定电阻值为48欧至52欧之间，接收；电阻值低于45欧或电阻值高于55欧，拒收。标准差σ=4欧，$\alpha=0.05$，$\beta=0.10$；试给出计量检验方案。

这属于弃真概率与取伪概率两者都相等，即$\alpha_0=\alpha_1=\alpha$且$\beta_0=\beta_1=\beta$，而下限上限对称的情形。

（1）做变换。

$$\mu_0''=45-100/2=-5$$
$$\mu_0'=48-100/2=-2$$
$$\mu_1'=52-100/2=2$$
$$\mu_1''=55-100/2=5$$

为简便，以下全都进行这样的变换，注意应对方案中的最终结果做反演，实际要将各个方案的下限和上限数字加上50才是。

（2）查标准正态分布表。

$$z_{\alpha/2}=z_{0.05/2}=1.96$$
$$z_{\beta}=z_{0.1}=1.28$$

（3）计算

$$k'=\frac{z_{\alpha/2}\mu_0''+z_{\beta}\bar{\mu}}{z_{\alpha/2}+z_{\beta}}=\frac{1.96\times(-5)}{3.24}=-3.025$$

$$k''=\frac{z_{\alpha/2}\mu_1''+z_{\beta}\bar{\mu}}{z_{\alpha/2}+z_{\beta}}=\frac{1.96\times 5}{3.24}=3.025$$

$$n\geqslant \text{int}\left\{\max\left\{\left[\frac{2z_{\alpha/2}+2z_{\beta}}{(\mu_0'+\mu_1')-2\mu_0''}\right]\sigma^2,\left[\frac{2z_{\alpha/2}+2z_{\beta}}{2\mu_1''-(\mu_0'+\mu_1')}\right]\sigma^2\right\}\right\}+1$$
$$=\text{int}\left\{\frac{3.24\times 3.24}{25}\times 16\right\}+1=\text{int}\{6.718\,464\}+1=7$$

假如这批电阻元件，其质量特性为电阻值，规定电阻值为48欧至52欧之间，接收；电阻值低于45欧或电阻值高于54欧，拒收。标准差=4欧，$\alpha=0.05$，β=0.10；试给出计量检验方案。

这属于弃真概率与取伪概率两者都相等，即$\alpha_0=\alpha_1=\alpha$且$\beta_0=\beta_1=\beta$，但下限上限不对称的情形。

$$k'=\frac{z_{\alpha/2}\mu_0''+z_{\beta}\bar{\mu}}{z_{\alpha/2}+z_{\beta}}=\frac{1.96\times(-5)}{3.24}=-3.025$$

$$k''=\frac{z_{\alpha/2}\mu_1''+z_{\beta}\bar{\mu}}{z_{\alpha/2}+z_{\beta}}=\frac{1.96\times 4}{3.24}=2.41$$

$$n=\text{int}\left\{\max\left\{\left[\frac{2z_{\alpha/2}+2z_{\beta}}{(\mu_0'+\mu_1')-2\mu_0''}\right]\sigma^2,\left[\frac{2z_{\alpha/2}+2z_{\beta}}{2\mu_1''-(\mu_0'+\mu_1')}\right]\sigma^2\right\}\right\}+1$$

$$=\text{int}\left\{\frac{3.24\times3.24}{8\times8}\times16+0.5\right\}+1=\text{int}(3.1244)+1=4$$

假如这批电阻元件，其质量特性为电阻值，规定电阻值为48欧至52欧之间，接收；电阻值低于45欧或电阻值高于54欧，拒收。标准差=4欧，$\alpha=0.05$，$\beta_0=0.06$，$\beta_1=0.10$；试给出计量检验方案。

这属于取伪概率不等且下限上限不对称的情形。

$$k'=\frac{z_{\alpha/2}\mu_0''+z_{\beta}\overline{\mu}}{z_{\alpha/2}+z_{\beta}}=\frac{1.96\times(-5)}{3.514\,774}=-2.788\,230$$

$$k''=\frac{z_{\alpha/2}\mu_1''+z_{\beta}\overline{\mu}}{z_{\alpha/2}+z_{\beta_1}}=\frac{1.96\times4}{3.24}=2.42$$

$$n=\text{int}\left\{\max\left\{\left[\frac{(z_{\alpha_0/2}+z_{\alpha_1/2})+2z_{\beta}}{(\mu_0'+\mu_1')-2\mu_0''}\right]\sigma^2,\left[\frac{(z_{\alpha_0/2}+z_{\alpha_1/2})+2z_{\beta}}{2\mu_1''-(\mu_0'+\mu_1')}\right]\sigma^2\right\}\right\}+1$$

$$=\text{int}\left\{\max\left\{\frac{(1.96+1.55)^2}{10\times10}\times16,\frac{(1.96+1.28)^2}{8\times8}\times16\right\}\right\}+1$$

$$=\text{int}\{\max\{1.971\,216,2.6244\}\}+1=4$$

假如这批电阻元件，其质量特性为电阻值，规定电阻值为48欧至52欧之间，接收；电阻值低于46欧或电阻值高于53欧，拒收。标准差=4欧，$\alpha=0.05$，$\beta_0=0.06$，$\beta_1=0.06$；试给出计量检验方案。

$$k'=\frac{z_{\alpha/2}\mu_0''+z_{\beta}\overline{\mu}}{z_{\alpha/2}+z_{\beta}}=\frac{1.96\times(-4)}{3.514\,774}=-2.230\,584$$

$$k''=\frac{z_{\alpha/2}\mu_1''+z_{\beta}\overline{\mu}}{z_{\alpha/2}+z_{\beta}}=\frac{1.96\times3}{3.514\,774}=1.672\,938$$

$$n=\text{int}\left\{\max\left\{\left[\frac{2z_{\alpha/2}+2z_{\beta}}{(\mu_0'+\mu_1')-2\mu_0''}\right]\sigma^2,\left[\frac{2z_{\alpha/2}+2z_{\beta}}{2\mu_1''-(\mu_0'+\mu_1')}\right]\sigma^2\right\}\right\}+1$$

$$=\text{int}\left\{\max\left\{\frac{(2\times3.514\,774)^2}{8\times8}\times16,\frac{(2\times3.514\,774)^2}{6\times6}\times16\right\}\right\}+1$$

$$=\text{int}\left\{\frac{(2\times3.514\,774)^2}{6\times6}\times16\right\}+1$$

$$=\text{int}\{21.962\,02\}+1=23$$

考虑等式

$$\frac{\overline{y}-\mu_0'}{\sigma/\sqrt{n}}=\frac{(\overline{y}-\mu)-(\mu_0'-\mu)}{\sigma/\sqrt{n}}=\frac{\overline{y}-\mu}{\sigma/\sqrt{n}}-\frac{\mu_0'-\mu}{\sigma/\sqrt{n}}$$

$$\frac{k'-\mu_0'}{\sigma/\sqrt{n}}=\frac{(k'-\mu)-(\mu_0'-\mu)}{\sigma/\sqrt{n}}=\frac{k'-\mu}{\sigma/\sqrt{n}}-\frac{\mu_0'-\mu}{\sigma/\sqrt{n}}=-z_{\alpha/2}-\frac{\mu_0'-\mu}{\sigma/\sqrt{n}}$$

$$P\{\overline{y}>k'\}=P\left\{\frac{\overline{y}-\mu_0'}{\sigma/\sqrt{n}}>\frac{k'-\mu_0'}{\sigma/\sqrt{n}}\right\}=P\left\{\frac{\overline{y}-\mu}{\sigma/\sqrt{n}}>\frac{k'-\mu}{\sigma/\sqrt{n}}\right\}=P\left\{\frac{\overline{y}-\mu}{\sigma/\sqrt{n}}>-z_{\alpha/2}\right\}$$

所以理应将$\frac{\overline{y}-\mu_0'}{\sigma/\sqrt{n}}$理解为标准正态分布$\frac{\overline{y}-\mu}{\sigma/\sqrt{n}}$向右平移$\frac{\mu_0'-\mu}{\sigma/\sqrt{n}}$个单位的结果，但平移并不改变$\overline{y}$与$k'$之间的距离，也不改变区间$(k',k'')$的概率，因而不会影响最终的判定结果。

关于计量检验，由于样本均值的期望是固定的μ，但在方案推导过程中，居然出现了四个类似下式的关系式：

$$P\left\{\frac{k'-\mu_0'}{\sigma/\sqrt{n}}\leqslant\frac{\overline{y}-\mu_0'}{\sigma/\sqrt{n}}\leqslant\frac{k''-\mu_0'}{\sigma/\sqrt{n}}\right\}=1-\alpha$$

难免出现“期望怎么可能同时存在四个不同值？”的疑问。但上述平移的说法告诉我们，担心是多余的，样本均值的分布是唯一的：

$$\frac{\overline{y}-\mu}{\sigma/\sqrt{n}}\sim N(0,1)$$

第四节　分类变量分布特征的假设检验

受统计学“过度数学化”的影响（已故陈希孺院士语），统计学教科书对分类变量不够重视，假设检验里这部分内容过少，而针对分类变量的总体比例及其相关指标的检验即所谓计数检验却是产品质量管理、货物验收中的常见场合，鉴于消费品的种类犹如恒河之沙，随着现代社会对质量的高度重视以及人类计算能力的空前提高，计数检验理应作为重点内容，以适应中国是制造业第一大国的国情实际。计数检验的流程如图 4-3 所示。

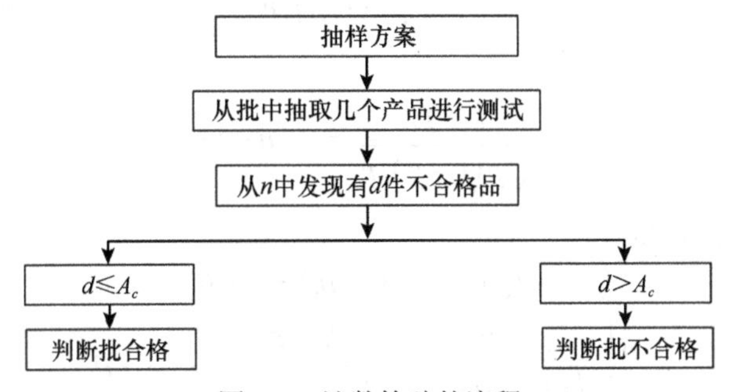

图 4-3　计数检验的流程

计数检验比较常见的是单侧下限检验，其他情形相对罕见。典型的计数检验是产品仅分成用户或买方认可的良品与不认可的劣品两类。令 $P=\dfrac{D}{N}$， $p=\dfrac{d}{n}$，则可将计数检验化为下列假设检验问题。其中，D 表示总体（批）里的缺陷产品数量，d 是样本里缺陷产品的数量，A_c 表示可以容许接受的缺陷产品数量，P 为总体缺陷产品比例。

生产方的质量水平控制限度是 H_0：$P\leqslant p_0$，要求在此限度内购买方拒收的概率不高于 α 或接收概率不低于 $1-\alpha$。

购买方的质量水平控制限度是 H_1：$P\leqslant p_1$，申明超过此限度时拒收概率不低于 $1-\beta$ 或接收概率不高于 β。

但一方面，总体比例 P 是未知的，只能通过样本比例 $p=\hat{P}$ 进行估计，于是其检验规则相当于

$$P\{p\leqslant p_0\}\geqslant 1-\alpha,\ P\{p>p_1\}\geqslant 1-\beta$$

为简单起见，将概率的不等式改为等式

$$P\{p\leqslant p_0\}=1-\alpha,\ P\{p>p_1\}=1-\beta$$

另一方面，为了避免结论不清晰，同时方便实施，需要将生产方的 p_0 和购买方的 p_1 的标准统一为 k。在总体规模很大或未知时，改检验规则为：如果 $P=p_0$，则 $P\{p\leqslant k\}=1-\alpha$；如果 $P=p_1$，则 $P\{p>k\}=1-\beta$。

此时可做以下代换并使用伯努利中心极限定理求得样本量 n，从而得到抽样方案。

如果 $P=p_0$，则

$$P\{p-p_0\leqslant k-p_0\}=1-\alpha$$

$$P\left\{\frac{p-p_0}{\sqrt{p(1-p)/n}}\leqslant\frac{k-p_0}{\sqrt{p(1-p)/n}}\right\}=1-\alpha$$

令

$$t=\frac{p-p_0}{\sqrt{p(1-p)/n}}$$

则

$$\frac{k-p_0}{\sqrt{p(1-p)/n}}=t_\alpha(n-1)$$

同理，如果 $P=p_1$，则

$$P\{p-p_1>k-p_1\}=1-\beta$$

$$P\left\{\frac{p-p_1}{\sqrt{p(1-p)/n}}>\frac{k-p_1}{\sqrt{p(1-p)/n}}\right\}=1-\beta$$

令

$$t=\frac{p-p_1}{\sqrt{p(1-p)/n}}$$

则

$$\frac{k-p_1}{\sqrt{p(1-p)/n}}=-t_\beta(n-1)$$

解得

$$n=\frac{\left[t_\alpha(n-1)+t_\beta(n-1)\right]^2}{(p_1-p_0)^2}p(1-p)$$

使用前述计量检验的迭代法即可求得样本量，迭代后获得正解，代入下式

$$k=\frac{p_1t_\alpha(n-1)+p_0t_\beta(n-1)}{t_\alpha(n-1)+t_\beta(n-1)}$$

注意相对于N无穷大而言，有限的N的存在使得n变小，这从简单随机抽样条件下总体均值估计的样本量确定公式

$$\frac{1}{n}=\frac{1}{N}+\frac{\varDelta^2}{z_{\alpha/2}^2S^2}$$

中可以清楚看出，在其他因素一样时，n将随着N的增减而同向增减。样本量确定之后由

$$n=\frac{\mu_1t_\alpha(n-1)+\mu_0t_\beta(n-1)}{t_\alpha(n-1)+t_\beta(n-1)}$$

可得

$$c=\frac{p_1t_\alpha(n-1)+p_0t_\beta(n-1)}{t_\alpha(n-1)+t_\beta(n-1)}$$

从而得到最终的抽样检验方案（N，n，c）。c是n的最终迭代解相应的k的最终解。可以发现，这里的解决方案与总体均值检验实际上完全一致，这与两分类总体比例估计问题可化为总体均值估计问题一脉相承。

如果总体规模不大且已知为N，此时虽然也可以使用上式确定样本量，但所得结果属于近似解，而为求得精确解，则应使用超几何分布。考虑

$$P\{P\leqslant p_0\}=1-\alpha$$

$$P\left\{\frac{D}{N}>p_1\right\}=1-\beta$$

与

$$P\left\{\frac{D}{N}\leqslant p_0\right\}=1-\alpha$$

$$P\left\{\frac{D}{N}>p_1\right\}=1-\beta$$

之间的对应关系。

$$D=NP$$
$$d=nP$$
$$P\{NP\leqslant Np_0\}\geqslant 1-\alpha \Leftrightarrow P\{P\leqslant p_0\}\geqslant 1-\alpha$$
$$P\{NP>Np_1\}\geqslant 1-\beta \Leftrightarrow P\{P>p_1\}\geqslant 1-\beta$$

以及

$$P\{nP\leqslant np_0\}\geqslant 1-\alpha \Leftrightarrow P\{P\leqslant p_0\}\geqslant 1-\alpha$$
$$P\{nP>np_1\}\geqslant 1-\beta \Leftrightarrow P\{P>p_1\}\geqslant 1-\beta$$

或

$$P\{d\leqslant np_0\}\geqslant 1-\alpha \Leftrightarrow P\{P\leqslant p_0\}\geqslant 1-\alpha$$
$$P\{d>np_1\}\geqslant 1-\beta \Leftrightarrow P\{P>p_1\}\geqslant 1-\beta$$

为简化计算，便于求解，将

$$P\{d>np_1\}\geqslant 1-\beta \Leftrightarrow P\{P>p_1\}\geqslant 1-\beta$$

换为

$$P\{d\leqslant np_1\}=\beta \Leftrightarrow P\{P\leqslant p_1\}=\beta$$

再将概率不等式改为等式

$$P\{d\leqslant np_0\}=1-\alpha \Leftrightarrow P\{P\leqslant p_0\}=1-\alpha$$

最后联立两个方程

$$\begin{cases}P\{d\leqslant np_0\}=1-\alpha \Leftrightarrow P\{P\leqslant p_0\}=1-\alpha\\ P\{d\leqslant np_1\}=\beta \Leftrightarrow P\{P\leqslant p_1\}=\beta\end{cases}$$

一方面，可以使用上述“ $\Leftrightarrow$ ”右侧的方程求解。

$$n=\frac{\mu_1 t_\alpha(n-1)+\mu_0 t_\beta(n-1)}{t_\alpha(n-1)+t_\beta(n-1)}$$
$$c=\frac{p_1 t_\alpha(n-1)+p_0 t_\beta(n-1)}{t_\alpha(n-1)+t_\beta(n-1)}$$

近似地确定超几何分布的抽样方案（N，n，c）；另一方面，根据“ $\Leftrightarrow$ ”左侧的方程和超几何分布的性质，可以求出精确解。

$$P\{d\leqslant np_0\}=\sum_{d=0}^{\mathrm{int}(np_0)}\frac{\mathrm{C}_D^d\mathrm{C}_{N-D}^{n-d}}{\mathrm{C}_N^n}=1-\alpha$$
$$P\{d\leqslant np_1\}=\sum_{d=0}^{\mathrm{int}(np_1)}\frac{\mathrm{C}_D^d\mathrm{C}_{N-D}^{n-d}}{\mathrm{C}_N^n}=\beta$$

可以求得超几何分布的抽样方案（N，n，c）的一般精确解。在计算机不发达的时代，为了应对联立方程中运算复杂的难题，一般采用固定参数并利用预先已经制作好的表格的方法；在计算机发达的时代，则可采用编程或利用软件代码进行计算的方法。采用计算机计算的方法不仅方便、快捷、精度高，而且允许上述公式中参数取任意值。

使用超几何分布精确解的抽样方案制订步骤如下。

（1）给定生产方质量水平 p_0、消费者极限质量水平 p_1、生产方风险 α 和消费者风险 β。

使用公式

$$n=\frac{\left[t_\alpha(n-1)+t_\beta(n-1)\right]^2}{(p_1-p_0)^2}p_0(1-p_0)$$

进行迭代计算，确定初始样本量 n_0。

（2）将 $n=n_0$ 代入下列联立方程

$$\begin{cases}P\{d\leqslant np_0\}=\sum\limits_{d=0}^{\mathrm{int}(np_0)}\dfrac{\mathrm{C}_D^d\mathrm{C}_{N-D}^{n-d}}{\mathrm{C}_N^n}=1-\alpha\\ P\{d\leqslant np_1\}=\sum\limits_{d=0}^{\mathrm{int}(np_1)}\dfrac{\mathrm{C}_D^d\mathrm{C}_{N-D}^{n-d}}{\mathrm{C}_N^n}=\beta\end{cases}$$

求得新的 n 值。

（3）若 n 值满足方程条件，则令 $n=n_0-1$，即减少一个样本量并代入联立方程，重复步骤（3），直至求出满足方程条件的其值最小的 n 作为最终的样本量，其值最小的 d 作为 c，从而形成抽样方案（N，n，c）。

（4）若 n 值不满足方程条件，则令 $n=n_0+1$，即增加一个样本量并代入联立方程，重复步骤（3），直至求出满足方程条件的其值最小的 d 作为 c，从而形成抽样方案（N，n，c）。

$$k=\frac{\mu_1t_\alpha(n-1)+\mu_0t_\beta(n-1)}{t_\alpha(n-1)+t_\beta(n-1)}$$

$$c=\frac{p_1t_\alpha(n-1)+p_0t_\beta(n-1)}{t_\alpha(n-1)+t_\beta(n-1)}$$

注意在总体均值检验场合，c 也可用来表示最终的 k 值。

对于批量 N 很小的情形，以前也有使用下述算法进行迭代求解的。对于联立方程

$$\begin{cases}P\{d\leqslant np_0\}=\sum\limits_{d=0}^{\mathrm{int}(np_0)}\dfrac{\mathrm{C}_D^d\mathrm{C}_{N-D}^{n-d}}{\mathrm{C}_N^n}=1-\alpha\\ P\{d\leqslant np_1\}=\sum\limits_{d=0}^{\mathrm{int}(np_1)}\dfrac{\mathrm{C}_D^d\mathrm{C}_{N-D}^{n-d}}{\mathrm{C}_N^n}=\beta\end{cases}$$

考虑 $d=0$ 的所谓零方案，此时满足步骤（1）已知条件的样本量由下面两个方程

联立求解。

$$\begin{cases} \dfrac{C_{Np_0}^{d}C_{N-Np_0}^{n-d}}{C_N^n}=\dfrac{C_{N-Np_0}^{n}}{C_N^n}=1-\alpha \\ \dfrac{C_{Np_1}^{d}C_{N-Np_1}^{n-d}}{C_N^n}=\dfrac{C_{N-Np_1}^{n}}{C_N^n}=\beta \end{cases}$$

令

$$h(n)=\frac{C_{N-Np_0}^{n}}{C_N^n}，\ h(n+1)=\frac{C_{N-Np_0}^{n+1}}{C_N^{n+1}}$$

则 $K(n)=\dfrac{h(n+1)}{h(n)}=1-\dfrac{Np_0}{N-n}$，也可写作 $h(n+1)=K(n)h(n)$。

先令 $n=1$，

$$h(1)=\frac{C_{N-Np_0}^{1}}{C_N^1}=1-p_0=R_0$$

$$h(2)=\left(1-\frac{Np_0}{N-1}\right)\left(\frac{C_{N-Np_0}^{1}}{C_N^1}\right)=\left(1-\frac{Np_0}{N-1}\right)R_0$$

$$\cdots$$

直至 $h(j)=\left(1-\dfrac{Np_0}{N-j+1}\right)h(j-1)$。

若 $h(j)$ 与 $h(j+1)$ 其中一个满足第一个方程，则可认为 $n=j$ 或 $n=j+1$。

同理可得

$$K(n)=\frac{h(n+1)}{h(n)}=1-\frac{Np_1}{N-n}$$

$$h(1)=\frac{C_{N-Np_1}^{1}}{C_N^1}=1-p_1=R_1$$

$$h(2)=\left(1-\frac{Np_1}{N-1}\right)\left(\frac{C_{N-Np_1}^{1}}{C_N^1}\right)=\left(1-\frac{Np_1}{N-1}\right)R_1$$

$$\vdots$$

$$h(j)=\left(1-\frac{Np_1}{N-j+1}\right)h(j-1)$$

若 $h(j)$ 与 $h(j+1)$ 其中一个满足第二个方程，则可认为 $n=j$ 或 $n=j+1$。

将两个样本量的大者作为抽样方案（N，n，c）中的最终样本量 n。

关于普通 k 法计量检验问题与计数检验问题的相互转化关系可以通过以下的证明轻易获得。记

$$\mu_0=\bar{\mu}p_0$$

$$\mu_1 = \bar{\mu} p_1$$

即有 $\bar{\mu} = \dfrac{\mu_0 + \mu_1}{p_0 + p_1}$，

$$k = \frac{z_\alpha \mu_1 + z_\beta \mu_0}{z_\alpha + z_\beta} = \frac{\mu_0 + \mu_1}{p_0 + p_1} \frac{p_1 z_\alpha + p_0 z_\beta}{z_\alpha + z_\beta}$$

从而 $p = \dfrac{k}{\bar{\mu}} = \dfrac{p_1 z_\alpha + p_0 z_\beta}{z_\alpha + z_\beta}$。

这样普通的检验总体均值的 k 法就可转化成不合格率以及百单位缺陷数的 k 法检验判断方法。反过来，也可利用公式

$$k = \bar{\mu} p = \frac{\mu_0 + \mu_1}{p_0 + p_1} \frac{p_1 z_\alpha + p_0 z_\beta}{z_\alpha + z_\beta} = \frac{z_\alpha \mu_1 + z_\beta \mu_0}{z_\alpha + z_\beta}$$

将不合格率或百单位缺陷数的检验问题转化为普通 k 法计量检验问题。

第五节　数值变量总体方差的检验

数值变量总体方差的检验不存在双侧检验的问题，或者就样本量确定来说，双侧检验问题可以看成区间估计问题，两者需要的样本量是相等的。因而，这里仅限于讨论数值变量总体方差的上限检验问题。之所以如此，是因为对于任何产品的任何质量特性而言，总体方差都是越小越好，所以只有单侧下限的总体方差检验是有实际价值的。

问题是这样展开的：卖方声称其总体方差 σ^2 的合格质量限为 σ_0^2，这等价于总体标准差 σ 的合格质量限为 σ_0；而买方声称容忍的总体方差 σ^2 的极限质量限为 σ_1^2，这等价于总体标准差 σ 的极限质量限为 σ_1。当一批产品的总体方差 $\sigma^2 \leqslant \sigma_0^2$（等价于总体标准差 $\sigma \leqslant \sigma_0$）时，卖方认为整批产品合格，要求买方至少应以大概率接受；当总体方差 $\sigma^2 \geqslant \sigma_1^2$（等价于总体标准差 $\sigma \geqslant \sigma_1$）时，买方则认为整批产品不合格，拒收卖方的这批产品。由于恒有

$$\sigma_0^2 < \sigma_1^2$$

作为第三方的统计检验建议在两者之间插入一个 k^2，即

$$\sigma_0^2 < k^2 < \sigma_1^2$$

这样总体方差的 k 法检验规则可更准确地表达为：当 $s^2 \leqslant k^2$ 时，接收；当 $s^2 > k^2$ 时，拒收。将该规则更具体地表示为：

当 $s^2 \leqslant k^2$（对应 $\sigma^2 = \sigma_0^2$）时，以不小于 $1-\alpha$ 的大概率水平接收；

当 $s^2 > k^2$（对应 $\sigma^2 = \sigma_1^2$）时，以不小于 $1-\beta$ 的大概率水平拒收。

但“$s^2 > k^2$ 时以不小于 $1-\beta$ 的大概率水平拒收”与“$s^2 \leqslant k^2$ 时以不大于 β 的极小概率接收”是等价的，故规则可修改如下：

当$\sigma^2=\sigma_0^2$（$\sigma=\sigma_0$）时，$P\left\{s^2\leqslant k^2\right\}=1-\alpha$；

当$\sigma^2=\sigma_1^2$（$\sigma=\sigma_1$）时，$P\left\{s^2\leqslant k^2\right\}=\beta$。

这样做的理由是便于推导出抽样检验方案的两个参数k^2与n。进一步地有：

当$\sigma^2=\sigma_0^2$（$\sigma=\sigma_0$）时，$P\left\{\frac{s^2}{\sigma^2}\geqslant\frac{k^2}{\sigma^2}\right\}=1-\alpha$；

当$\sigma^2=\sigma_1^2$（$\sigma=\sigma_1$）时，$P\left\{\frac{s^2}{\sigma^2}\geqslant\frac{k^2}{\sigma^2}\right\}=\beta$。

为了与一个工具分布联系起来，做变换：

当$\sigma^2=\sigma_0^2$（$\sigma=\sigma_0$）时，$P\left\{\frac{(n-1)s^2}{\sigma^2}\geqslant\frac{(n-1)k^2}{\sigma^2}\right\}=1-\alpha$；

当$\sigma^2=\sigma_1^2$（$\sigma=\sigma_1$）时，$P\left\{\frac{(n-1)s^2}{\sigma^2}\geqslant\frac{(n-1)k^2}{\sigma^2}\right\}=\beta$。

因$\frac{(n-1)s^2}{\sigma^2}$服从自由度为$n-1$的$\chi^2$分布，遂有：

当$\sigma^2=\sigma_0^2(\sigma=\sigma_0)$时，$\frac{(n-1)k^2}{\sigma_0^2}=\chi_{1-\alpha}^2(n-1)$；

当$\sigma^2=\sigma_1^2(\sigma=\sigma_1)$时，$\frac{(n-1)k^2}{\sigma_1^2}=\chi_{\beta}^2(n-1)$。

联立二式得

$$\frac{\sigma_1^2}{\sigma_0^2}=\frac{\chi_{\beta}^2(n-1)}{\chi_{1-\alpha}^2(n-1)}$$

已知σ_0^2、σ_1^2、α、β，可以通过试算法，给出n的临界值，从而实现样本量的确定。

待样本量确定后，代入

$$\frac{(n-1)k^2}{\sigma_0^2}=\chi_{1-\alpha}^2(n-1)$$

或

$$\frac{\sigma_1^2}{\sigma_0^2}=\frac{\chi_{\beta}^2(n-1)}{\chi_{1-\alpha}^2(n-1)}$$

中，即可求得k^2。

第五章　总体分布估计的样本量确定

概括说，统计学基础基本理论的内容不外乎两个：一是用样本数据估计总体分布；二是如何确定能够确保总体分布估计精度的样本量。

如何通过变量Y的简单随机样本数据y_i（$i=1,2,\cdots,n$），估计Y的总体分布$F(y)$？这是统计学的最高级课题，因为总体分布包含了变量的全部信息。估计总体分布有两条途径：一是基于分布属于哪个分布族的先验信息，通过估计分布特征间接估计出分布函数的参数，进而获得分布函数的间接估计模式（即非常成熟的参数估计模式）；二是经由样本数据估计随机变量概率分布或总体分布的直接估计模式。

相比参数估计模式，直接估计模式更具一般性与广泛性，它不需要任何关于分布本身的先验信息。尽管格列文科定理和DKW（Dvoretzky-Kiefer-Wolfowitz，德沃列茨基-基弗-沃尔福威茨）不等式证明了直接估计模式理论上的可能性，甚至进一步给出了一个粗糙的理论置信区间，但统计学迄今为止不仅没有解决相应的样本量确定问题，更令人难以置信的是完全忽视了这个堪称统计学的核心课题之一的问题。合适的样本量一方面能够确保中心极限定理的成立，另一方面能够确保估计成本的低廉。

对于带参数的总体分布的估计，其理论非常完美成熟。统计学将参数看作总体期望、总体方差等总体分布特征的化身或简单函数，通过估计分布特征间接估计参数，进而实现对总体分布的估计。这就是统计学最为耀眼的那部分内容：基于大数定律和中心极限定理的推断统计。相应地，也给出了二分类变量的总体频率估计与数值变量的总体均值估计两种情形的完美的样本量公式。

二分类变量：

$$n=\left[\frac{1}{N}+\frac{\Delta^2}{z_{\alpha/2}^2 P(1-P)}\right]^{-1}$$

数值变量：

$$n=\left[\frac{1}{N}+\frac{\Delta^2}{z_{\alpha/2}^2 S^2}\right]^{-1}$$

人们发现使用0-1变换后二分类变量情形可以化为后一种情形，于是将两式统一为总体均值估计情形的样本量公式。注意对总体均值估计精度的要求是

$$P\left\{\left|\bar{y}-\bar{Y}\right|\leqslant\Delta\right\}=1-\alpha$$

其中，$\bar{y}$表示样本均值；$\bar{Y}$表示总体均值；Δ表示容许的最大绝对误差；$1-\alpha$表

示容许的最小置信度。这意味着估计量样本均值（或样本比例）与待估参数总体均值（总体比例）之间的绝对误差不超过$\varDelta$的概率低于$1-\alpha$是不能被接受和容许的。

样本量公式中的N表示总体规模，n表示样本量，S^2表示总体方差，$z_{\alpha/2}^2$表示标准正态分布的双侧百分位点的平方，$\varDelta^2$表示最大容许绝对误差$\varDelta$的平方。P是二分类变量所关注的一个变量值。

与此形成鲜明对比的是，对于不带参数的总体分布的估计的理论则薄弱很多。格列文科定理证明了以样本分布估计总体分布的可能性，其地位相当于针对总体分布的大数定理，但迄今尚未出现以总体分布估计为指向的类似中心极限定理地位的研究成果，因而也缺乏类似区间估计的可行操作路径。

关于总体分布，显然对于给定的变量值$y \in R_Y$，$F(y)$等于事件$\{Y \leqslant y\}$的概率，即

$$F(y)=P\{Y \leqslant y\}$$

其中，R_Y表示变量Y的定义域。对于给定的$y \in R_Y$，$F(y)=P\{Y \leqslant y\}$的点估计等于比值

$$\hat{P}\{Y \leqslant y\}=\frac{n_y}{n}$$

其中，n_y表示随机样本数据$y_i\,(i=1,2,\cdots,n)$中数值不大于y的样本点的数目。

若对每个$y \in R_Y$计算其相应的$\hat{P}\{Y \leqslant y\}$，就能获得分布函数$F(y)$的估计：

$$\hat{F}(y)=\hat{P}\{Y \leqslant y\}=\frac{n_y}{n}$$

记经验分布函数$\hat{F}(y)$指在每一个数据点（一个个体对应的变量值）Y_i上的密度为$\frac{1}{n}$的累积频率函数。

$$\hat{F}(y)=\frac{\sum_{i=1}^{n} I(Y_i \leqslant y)}{n}$$

其中，示性函数

$$I(Y_i \leqslant y)=\begin{cases}1, & Y_i \leqslant y \\ 0, & Y>y\end{cases}$$

是一个单调递增的阶梯函数，其相应函数曲线形如图 5-1。

格列文科定理：如果$Y_1,\cdots,Y_n \sim F(y)$，则$n \to \infty$时，有

$$P\left\{\sup_y \left|\hat{F}(y)-F(y)\right| \xrightarrow{p} 0\right\}$$

略带实际操作色彩的是分布检验（所谓拟合优度检验都属此类），将样本分布与一个已知的特定分布相比较，考虑到现实世界复杂多样的情况，如此做法无疑

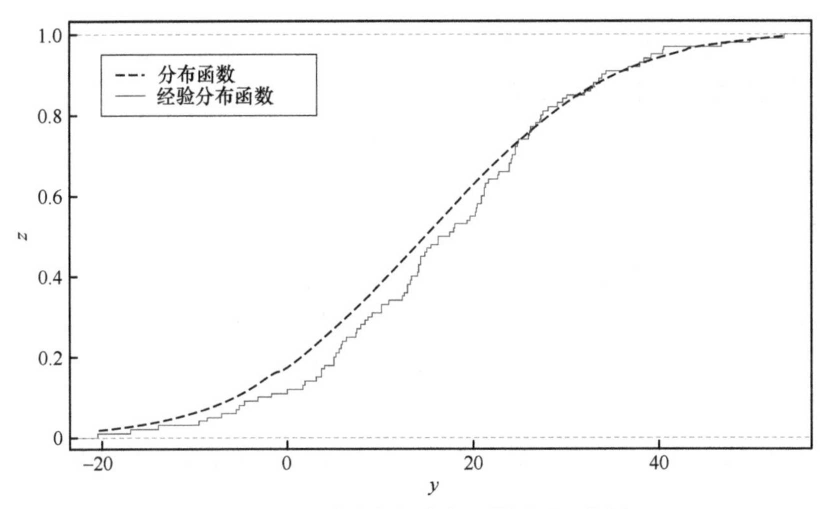

图 5-1　经验分布与分布函数逼近示意图

像在闹市中看到一个无主婴儿猜度其父母是谁。至于相应的样本量确定，其内容更是差强人意。除去可简化为几次伯努利分布估计的最简单情形，目前最好的理论成果是基于 DKW 定理获得的一个样本量公式。

DKW 定理：如果 $Y_1,\cdots,Y_n \sim F(y)$，则对任意的 $\varDelta>0$ 有

$$P\{\sup\left|F(y)-\hat{F}(y)\right|>\varepsilon\}\leqslant 2\mathrm{e}^{-2n\varDelta^2}$$

作为 DKW 不等式的应用，可以建立总体分布函数 $F(y)$ 的置信区间，对随机变量 Y 定义域内任意变量值 y，有

$$P\left\{L(y)\leqslant F(y)\leqslant U(y)\right\}\geqslant 1-\alpha$$

其中

$$L(y)=\max\left\{\hat{F}(y)-\varDelta,0\right\}$$

$$U(y)=\min\left\{\hat{F}(y)+\varDelta,0\right\}$$

$$\varDelta=\sqrt{\frac{1}{2n}\log\frac{2}{\alpha}}$$

据此可以反解出

$$n=\frac{1}{2\varDelta^2}\log\frac{2}{\alpha}$$

然而，仔细分析可以发现这个公式的明显缺陷，只有容许的最大绝对误差 $\varDelta$ 和容许的最小置信度 $1-\alpha$ 两个参数，与分布函数的形式以及相应分布图的形状毫无关联。这怎么可能？

我们在研究中发现，从逻辑上说，不带参数的总体分布估计可归结为以样本直方图估计总体直方图的问题，而直方图的直方数无疑是影响直方图形状的重要参数，可是该定理的样本量确定公式中并无这样的参数或其隐函数，这自然是很

不合理的。此外，也缺少总体方差 S^2 和总体规模 N 这样显而易见的重要影响因子，比较总体均值估计的样本量公式

$$n=\left(\frac{1}{N}+\frac{\Delta^2}{z_{\alpha/2}^2 S^2}\right)^{-1}$$

就可更清楚地发现这一点。

如何另辟蹊径，获得不带参数的总体分布估计所需样本量？我们认为，首先应围绕整个总体分布估计建立一个框架，包括以下五项原则。

（1）将问题归结为用样本直方图估计总体直方图，这是寻找新方法和相关讨论的基础。

（2）围绕总体直方图的估计，必须控制整体估计误差而非一个或几个直方的误差。

（3）应以直方图里的直方数目为参数，样本量不能小于直方数。

（4）至少一部分直方图的形状因子应予以考虑。

（5）作为总体分布的必要构成部分，最矮的直方不应忽略，且其对应的频率绝对误差不能超过自身的频率大小。

上述经验分布函数是统计分布的表达形式之一。统计有四种分布表达方法：语示法、表示法、函数法、图示法。但从数据分析的视角看，语示法只适用于类组很少的分类变量的分布；函数法根本用不上，因其长项在于表达连续型数值变量的分布，而实际数据总是离散的；表示法具有只见树木、难见森林的缺陷，不适合表达旨在让人有整体感的分布；图示法是唯一的能够适应各类变量的分布表达方法。图示法有两个亚种：直方图与帕累托图。

帕累托图实际上是经验分布函数的一种图示，是一个恒升的台阶状的折线图，横坐标是变量值，纵坐标是对应横坐标变量值的累计频率。这里作为横坐标的变量值可能是保序的，也可能仅仅是一类或一组的代码。数理统计偏爱帕累托图是因为它渐近于一条单调递增曲线，比实际的分布曲线（直方图的渐近线）美观且函数性质简单；还有就是数学总是固执地认为变量大多是连续的或者只有连续的才是理想的，但心理学的自我实现理论告诉我们，这种“假定性认识”仅仅是便于使用数学家所熟悉的工具的合理化装饰而已。

直方图是形如表 5-1 的表示法的分布的图示，横坐标是变量值，该变量值要么是一类一组的代表，要么只是一个离散数值变量的变量值，纵坐标是频率。

表 5-1　直方图的代数表示

P_j	P_1	P_2	P_3	…	P_L
Y_j	Y_1	Y_2	Y_3	…	Y_L

表面上看，帕累托图为数学家所偏爱，且有伟大的格列文科定理加持，应该在总体分布估计方面优于简单的直方图。然而，直方图比帕累托图简单，却保留了更多的信息，更可以直观地看出每个变量值对应的概率，比如轻易发现众数所在。更要紧的是，由于经验分布函数与总体分布函数的误差计算在累计过程中难免抵消，不能达到分布估计要求的“全等式”估计。

记直方图的直方数为L，其中第h个直方对应的样本频率为p_h，总体概率为P_h，直方图估计的绝对误差为

$$\sum|p_h - P_h| = \sum \varDelta_h = \varDelta$$

需要注意的是任何试图规定单个直方的绝对误差限的努力都是不必要且不可取的，因为本书假定的情景是针对一般的总体分布而非任何特定的总体分布，既然没有任何先验信息，当然就无法给出限定或假设。不宜以绝对误差作为控制单个直方估计精度的理由之一是在不掌握先验信息的情况下，弄不好会遭遇绝对误差超过频率较小组的频率，从而造成单个直方相对误差超过100%的不合理情况。但为了保证每个直方不至于产生过大的绝对误差，规定相对误差限r_h是必要的，不过因L可能较大，对每个r_h进行规定过于烦琐而不可行，为简便起见，规定每个直方的相对误差限r_h是统一的、都相等是合理而必要的。

$$r_h = r$$

因

$$\Delta_h = r_h P_h = r P_h$$

将此关系代入

$$\sum|p_h - P_h| = \sum \varDelta_h = \varDelta$$

中，我们惊喜地发现

$$\sum|p_h - P_h| = \sum r_h P_h = r = \overline{r}$$

对单个直方统一规定的相对误差限数值上恰好等于整个总体分布估计的绝对误差限！

这是一个极其良好的性质，毕竟对任何估计而言，规定绝对误差限是不可或缺的步骤，总体分布估计也不例外。

显然，对于各个直方参差不齐的一般情形，控制单个直方的绝对误差更加不易，但倘若利用上述性质，我们可以通过控制相对误差达成控制绝对误差的目标，特别地，令各个直方的相对误差为常数，正好也是绝对误差总和，这样就兼顾了分布估计需控制绝对误差之和的要求，和克服单个直方绝对误差难以控制的障碍，一举两得。

然而，至此我们仍然缺乏估计总体直方图的手段。考虑各单个直方对应频率估计所需样本量的差异。由于相对误差相同，各单个直方绝对误差的大小与其对

应频率成正比，所以将公式

$$n=\left[\frac{1}{N}+\frac{\Delta^2}{z_{\alpha/2}^2 P(1-P)}\right]^{-1}$$

应用于第 h 个直方估计，则有

$$\frac{1}{n_h}=\frac{1}{N_h}+\frac{{\Delta_h}^2}{z_{\alpha/2}^2 P_h(1-P_h)}=\frac{1}{N_h}+\frac{r^2 P_h}{z_{\alpha/2}^2(1-P_h)}$$

可知，n_h 与 P_h 成反比，于是我们可以选择单个直方对应频率最小的样本量作为估计整个分布的样本量。道理在于如果取样足够多，以致最稀少组都能取到充分多的样本点，其他组的岂在话下？

因此，考虑将样本直方图依频率降序排列 $p_1 \geqslant p_2 \geqslant \cdots \geqslant p_L$，见图 5-2。

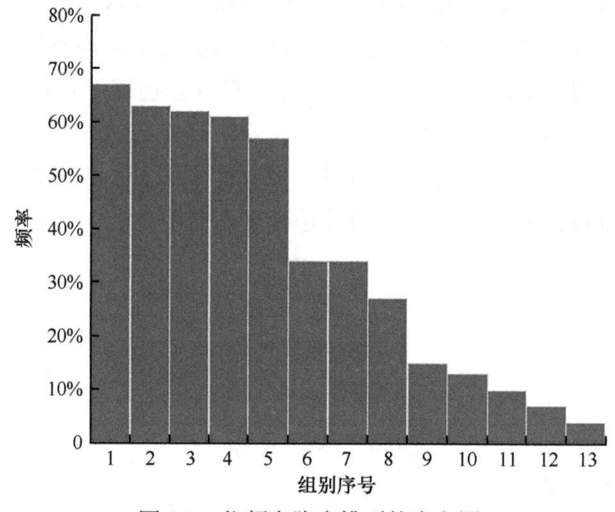

图 5-2　依频率降序排列的直方图

由于频率最小组的频率为 P_L，则该组的绝对误差最小，以此为控制精度，则据此算出的样本量是最大的，既符合如果资源不匮乏则力求稳健保守，样本量宁多勿少的原则，又符合我们前面提及的总体分布估计框架的第四条原则。

$$\frac{1}{n}=\frac{1}{n_L}=\frac{1}{N_L}+\frac{{\Delta_L}^2}{z_{\alpha/2}^2 P_L(1-P_L)}=\frac{1}{N_L}+\frac{r^2 P_L}{z_{\alpha/2}^2(1-P_L)}$$

考虑 $\Delta_L = rP_L$，假定排序后的直方图顶点高度呈线性均匀递减趋势，如图 5-3 所示。

因直方图形似梯形，且梯形面积

$$\left(\frac{P_1+P_L}{2}\right)L=1$$

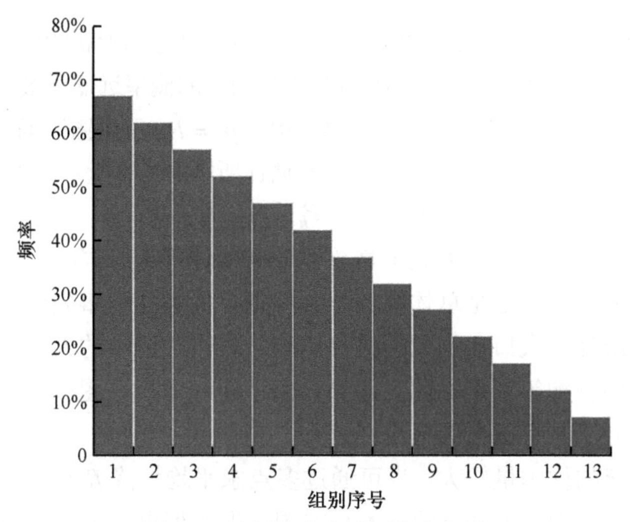

图 5-3　按频率降序排列的直方图

故有

$$P_L=\left(\frac{2}{L}\right)-P_1$$

于是

$$\frac{1}{n}=\frac{1}{N_L}+\frac{r^2P_L}{z_{\alpha/2}^2\left(1-P_L\right)}=\frac{1}{NP_L}+\frac{r^2P_L}{z_{\alpha/2}^2\left(1-P_L\right)}$$

$$\frac{1}{n}=\frac{L}{N(2-LP_1)}+\frac{r^2(2-LP_1)}{z_{\alpha/2}^2\left[\left(1+P_1\right)L-2\right]}$$

由于公式中的第二项

$$\frac{r^2P_L}{z_{\alpha/2}^2\left(1-P_L\right)}$$

是主项，对样本量的影响通常要大于第一项，而n与P_L成反比，故由

$$P_L=\frac{2}{L}-P_1$$

可知，n与P_1和L成正比。将总体规模的影响考虑在内后，样本量n由下式决定。

$$\frac{1}{n}=\frac{L}{N\left(2-LP_1\right)}+\frac{r^2\left(2-LP_1\right)}{z_{\alpha/2}^2\left[\left(1+P_1\right)L-2\right]}$$

式中用总体规模N替代了原本的N_L，乃出于对抽样来说，总体规模和直方图直方数目已知是不难满足的前提，而P_1相对比较容易预估。至此，我们获得了一个相当优美的结果，公式清晰地反映了以样本分布估计总体分布（以样本直方图估计总体直方图）时，所需样本量相比分布特征估计时取决于更多因素，其中的直方数L和众数组频率P_1两因素是其特有的。

值得特别注意的是P_1这一参数，它是不起眼的直方图形状的因子之一，同时由于通过预先的抽样，逻辑上最稀少组的个体被抽中的概率远低于最密集组，所以众数组即最密集组的总体频率的估计更容易获得：$p_1 = \hat{P}_1$，而根据上面的公式，只要有了P_1，便可获得这个带五个参数的总体分布估计所需的样本量n。进而可使下述区间

$$p_h - rp_h \leqslant P_h \leqslant p_h + rp_h$$

的确定变得切实可行，这将大大丰富总体分布估计理论。同时，因为在现实许多场合中直方数L（实际上是总体组数）不但很多而且往往事先已经确定，如国际贸易中的国别统计、人口迁徙中的转移矩阵、城市交通中的人口分区流动、全球供应链中的资源分配等都是如此。此外，由于将样本直方图排序属于非参数的手段，因此这个方法具有很大的适应性。

如果预调查的样本量较大，也可通过多点求平均坡降$\hat{\beta}$的办法预估P_L，具体方法是由预调查获得k个直方的样本直方图，据此列出一个简单的回归方程

$$\begin{gathered} p_1 = \beta_0 + 0 \times \beta \\ p_2 = \beta_0 + 1 \times \beta \\ \vdots \\ p_k = \beta_0 + (k-1) \times \beta \end{gathered}$$

解出$\hat{\beta}$，求得

$$\hat{P}_L = \hat{\beta}_0 b - (L-1)\hat{\beta}$$

代入公式

$$\frac{1}{n} = \frac{1}{N\hat{P}_L} + 1 \Bigg/ \left[\left(\frac{Z_{\alpha/2}}{r_0}\right)^2 \left(\frac{1-\hat{P}_L}{\hat{P}_L}\right)\right]$$

后，求出样本量n。

排序直方图可能存在许多不同形状，几种容易想到的典型形状如图 5-4 所示，

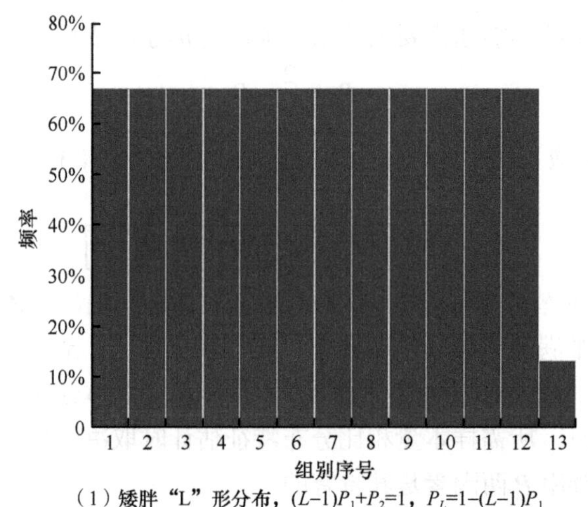

（1）矮胖“L”形分布，$(L-1)P_1+P_2=1$，$P_L=1-(L-1)P_1$

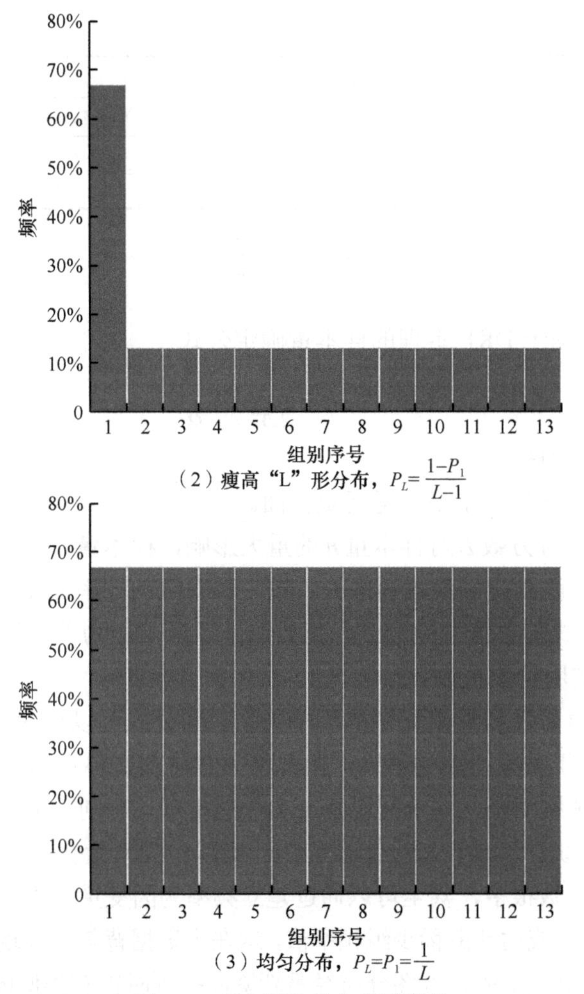

（2）瘦高“L”形分布，$P_L=\frac{1-P_1}{L-1}$

（3）均匀分布，$P_L=P_1=\frac{1}{L}$

图 5-4　直方图的几个典型形状

其 P_L 与 P_1 的关系式不同，因而样本量公式也会有所不同。实践中根据预调查获得的具体样本分布形状与典型形状的相似程度，最终选定一个近似结果。其中图 5-3 的楼梯分布，在前面已有讨论，不过现在又给出了另外的样本量结果。

三种典型情形的样本量确定公式如表 5-2 所示。

表 5-2　三种典型情形的样本量确定公式

情形	P_L	$n=\left[\frac{1}{N_L}+\frac{r^2P_L}{z_{\alpha/2}^2(1-P_L)}\right]^{-1}$
1	$1-(L-1)P_1$	$\frac{1}{n}=\frac{1}{N\left[1-(L-1)P_1\right]}+\frac{r^2\left[1-(L-1)P_1\right]}{z_{\alpha/2}^2(L-1)P_1}$
2	$\frac{1-P_1}{L-1}$	$\frac{1}{n}=\frac{L-1}{N(1-P_1)}+\frac{r^2(1-P_1)}{z_{\alpha/2}^2(L-2+P_1)}$

续表

情形	P_L	$n=\left[\frac{1}{N_L}+\frac{r^2P_L}{z_{\alpha/2}^2(1-P_L)}\right]^{-1}$
3	$\frac{1}{L}$	$\frac{1}{n}=\frac{L}{N}+\frac{r^2(L-1)}{z_{\alpha/2}^2L}$

小　　结

新公式对比基于DKF定理的样本量确定公式

$$n=\frac{1}{2\Delta^2}\log\frac{2}{\alpha}$$

具有多方面的优越性。

（1）公式包含的因素多，考虑更全面。

（2）凸显了直方数L对样本量n的重大影响，样本量n与L呈正相关关系。

（3）通过预调查获得众数频率P_1或较大频率组的频率操作简单，难度明显低于传统样本量公式的总体方差预估，巧妙避开了原本最为关键的预估最稀少组频率P_L的难题，实用价值极大。

（4）鉴于直方图与帕累托图的简单关系，新公式可以视为对DKF公式的改善，完全可以用于帕累托图的估计，由此将拓宽格列文科定理的应用空间。

（5）方法脉络清晰，并未利用复杂的数理推理，有利于推广应用，特别是用于大规模的官方统计活动，减少迄今的统计实践中样本量普遍不足的流弊。

（6）如果组数很多，甚至可以通过建立频率为因变量，直方序号为自变量的线性回归确定坡度或估计最稀少组频率值，这在大数据背景下表现出方法延展的潜力。一般地，随机变量的直方图分布经重新降序排列时都有类似图5-5的形状。

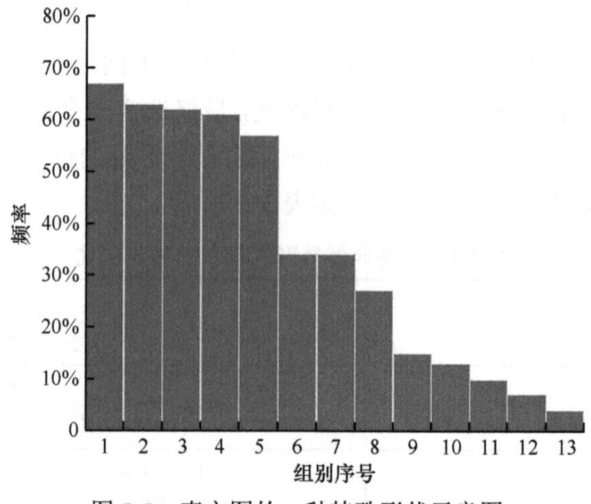

图5-5　直方图的一种特殊形状示意图

图 5-5 中频率依序号单调递减，考虑可引入某种函数进行模拟，进入视野的有线性函数、倒数函数和指数函数等。研究的初步结论表明，指数函数适应性更广，本书仅仅讨论了若干最简单的情形，具体数据将决定如何通过模拟预估出最稀少组的频率。

统计数据显示：2017 年末中国（未包括香港特别行政区、澳门特别行政区和台湾地区）总人口为 139 008 万人，比上年末增加 737 万人。其中，城镇常住人口 81 347 万人，比上年末增加 2049 万人；城镇人口占总人口比重（城镇化率）为 58.52%；男性人口 71 137 万人，女性人口 67 871 万人，截至 2018 年 10 月 31 日,少数民族人口占总人口的 8.49%。

例如，通过抽样调查估计 2019 年末中国居住地是否为城镇的分布时，规定绝对误差限为 5%，置信度为 95%，此时 $L=2$，$p_1=58.52\%$，使用公式

$$n=\left(\frac{Z_{\alpha/2}}{r}\right)^2\left(L^2p_1-1\right)$$

可以算得

$$n=\left(\frac{2}{0.05}\right)^2\left(2^2\times 58.52\%-1\right)=2145$$

然若通过抽样调查估计 2019 年末中国居住地是否为城镇与性别的联合分布时，仍规定绝对误差限为 5%，置信度为 95%，此时 $L=4$，$p_1=58.52\%\times 71\,137/\left(71\,137+67\,871\right)=29.9475\%$，使用公式可以算得

$$n=\left(\frac{2}{0.05}\right)^2\left(4^2\times 29.9475\%-1\right)=6067$$

分组组数增加一倍，但样本量增加了两倍。如按 KDF 公式

$$n=\frac{1}{2\varDelta^2}\log\frac{2}{\alpha}$$

两者均无区别，都是 320。对照普通估计最稀少组概率公式的精确计算结果

$$n=\left(\frac{Z_{\alpha/2}}{\varDelta}\right)^2 p_L\left(1-p_L\right)=6300$$

不难看出两个公式孰优孰劣。

第六章　统计建模的样本量确定

统计建模一般认为是数据搜集完成之后的工作，鉴于抽样先于调查，而样本量确定作为抽样设计的重要内容还要先于抽样进行，所以统计建模的样本量确定不曾被当成一个值得重视的问题，罕有提及。这样的观点并非毫无理由，然而一方面，基于现成或二手样本数据的建模，最终一定要做检验足以证明样本量确定问题实际上是存在的，至于检验通不通过的影响因素尽管似乎很多，但样本量是否足够才是关键。另一方面，假如研究的初衷就在于建模而非单变量的统计估计，那么在数据搜集之前进行样本量确定是理所当然的。

统计建模的样本量确定原理大致有两个：一个是基于统计建模的本质；另一个是基于随机变量之间的相关系数。

第一节　基于条件均值估计的样本量确定

统计建模的本质不外乎是构造因变量为随机变量，自变量可能为随机也可能为不随机的统计学函数（称为统计学模型或简称统计模型），不同于数学函数，这种统计函数具有三个特点：一是可能允许存在反例，只要这种反例的比例（显著性水平其实就是一种反例比例）比较小。二是关注的是若干函数值而非函数本身，这些函数值往往是人们所关注的，如最优值或特定条件下的其他特殊值。三是这些函数值包括三个类型，即条件均值、条件比例和条件分布，其中常见的是条件均值和条件比例。依变量类型，又可进一步细分为表 6-1 中的四个亚型。在第一章我们已经指出，所谓条件者，自变量取特定值也。

表 6-1　统计模型的估计对象类型

自变量	因变量	
	分类型	数值型
分类型	条件概率	条件期望
数值型	条件概率	条件期望

不过，无论是总体均值还是总体比例估计的样本量确定，我们在前几章里皆有介绍。所不同的是，在之前我们推论的是一个完整的总体，均值也罢、比例也罢、分布也罢，估计对象都是唯一的，可现在需要估计多个均值或比例或分布，具体来说，有多少条件就有多少个估计对象，本质上是对多个条件总体分别确定样本量。

对应的统计分析方法如表 6-2 所示。

表 6-2 统计模型对应的统计分析方法

自变量	因变量	
	分类型	数值型
分类型	列联分析/对数线性分析	方差分析/联合分析
数值型	判别分析/逻辑斯蒂回归分析	回归分析/路径分析

以因变量为数值型随机变量，自变量为分类型变量的方差分析/联合分析为例，其条件的个数在方差分析中为因素的交叉组合数，在联合分析中为总的轮廓数或通过正交设计所得到的轮廓数。

方差分析的样本量确定步骤如下。

（1）确定第 h 类或组的样本量

$$\frac{1}{n_h}=\frac{1}{N_h}+\left(\frac{\varepsilon_h}{z_{\alpha/2}}\right)^2\Big/S_h^2$$

（2）确定总的样本量

$$n=\sum_{h=1}^{L}n_h$$

其中，L 表示条件数或组数；n_h 表示第 h 组或第 h 个条件总体的样本量；N_h 表示第 h 组或第 h 个条件总体的规模；S_h^2 表示相应的总体方差；ε_h 表示第 h 组样本均值 $\overline{y}_h$ 的绝对误差限。由于 L 可能很大，样本量确定程序不免烦琐，故具体处理上考虑方差分析方法自身的特点。譬如方差分析的要旨在于比较各个条件总体的均值是否有显著差异，假设各组方差相等（这样可以顺利生成 F 统计量）和绝对误差限相等，则可大大简化样本量确定过程。

（1）确定第 h 类或组的样本量

$$\frac{1}{n_h}=\frac{1}{N_h}+\left(\frac{\varepsilon}{z_{\alpha/2}}\right)^2\Big/S^2$$

（2）确定总的样本量

$$n=\sum_{h=1}^{L}n_h$$

而假如在条件总体都是无限总体或近似无限总体（自变量为连续型数值变量生成的分组变量，比如温度在 36.5℃到 37.5℃，中间可以细分）时，过程则还可简化如下。

（1）确定第 h 类或组的样本量

$$\frac{1}{n_h}=\frac{1}{N_h}+\left(\frac{\varepsilon_h}{z_{\alpha/2}}\right)^2\Big/S_h^2$$

（2）确定总的样本量

$$n=\sum_{1}^{L}n_h=n_0L$$

其中，$n=\sum_{1}^{L}n_h\Big/L$

注意这里只推荐了一条规定绝对误差—预估总体方差的样本量确定路线，理由是除了规定统一的 ε 比较合理外，还有假如采用规定相对误差—预估总体变异系数的样本量确定路线，由于各个条件总体方差相等，则条件总体变异系数 C 与条件总体均值成反比，此时必然会出现均值偏小的组或条件总体样本量偏多的不合理情况。

$$\frac{1}{n_h}=\frac{1}{N_h}+\left(\frac{r\overline{Y}_h}{z_{\alpha/2}}\right)^2\Big/S_h^2=\frac{1}{N_h}+\left(\frac{r}{z_{\alpha/2}}\right)^2\Big/\left(\frac{S_h}{\overline{Y}_h}\right)^2=\frac{1}{N_h}+\left(\frac{r}{z_{\alpha/2}}\right)^2\Big/C_h^2$$

其中，r 跟前面几章的意思一样，表示相对误差。当因变量和自变量都是分类型时，但因变量为二分类变量，此时适宜的分析方法是列联分析，类比方差分析基于条件均值的样本量确定公式

$$\frac{1}{n_h}=\frac{1}{N_h}+\left(\frac{\varepsilon_h}{z_{\alpha/2}}\right)^2\Big/S_h^2$$

列联分析似乎可采用相应的基于条件比例的样本量确定公式

$$\frac{1}{n_h}=\frac{1}{N_h}+\left(\frac{\varepsilon_h}{z_{\alpha/2}}\right)^2\Big/P_h\left(1-P_h\right)$$

然而正如我们在总体比例估计的样本量确定内容中所指出的，由于 ε_h 对于 P_h 的变大极其敏感，不易确定，所以反而应该采用规定相对误差限—预估条件总体众数频率的路线，依

$$\frac{1}{n_h}=\frac{1}{N_h}+\left(\frac{r}{z_{\alpha/2}}\right)^2\left(\frac{P_h}{1-P_h}\right)$$

确定各组样本量，加总后得到总的样本量。

第二节　基于相关系数估计的样本量确定

本章第一节介绍了列联分析和方差分析的样本量确定，通过将其作为分布特征区间估计样本量确定的特例使问题比较圆满地得以解决。本节介绍表 6-2 四种场合的余下两种场合的样本量确定。

注意这两种场合，其独特之处在于自变量皆为数值变量，也就是说自变量的取值可能很多，或者说统计模型里的条件数 L 可能很大。尽管数值变量可看作复杂的分类变量，正像我们在第一章就提到的，顺序变量等级多可当作数值变量，等级少可当作分类变量一样，如果套用本章第一节的思路，这样的处理也可视为

通用做法，但不可忽视的是，用单个数值变量的值表示随机事件，条件数 L 不免太大，对于变量值数目有限的离散变量还好，对于变量值为无穷多的连续变量则是不可完成的任务，很明显此路不通，必须另辟蹊径。

注意 Y_i 以 X_j 为条件的条件概率表示为

$$P\left\{Y_i \middle| X_j\right\}=\frac{P\left\{X_j Y_i\right\}}{P\left\{X_j\right\}}$$

而 Y_i 与 X_j 的相关指标可以表示为

$$\frac{P\left\{X_j Y_i\right\}}{P\left\{X_j\right\}P\left\{Y_i\right\}}$$

它与条件概率成正比：

$$\frac{P\left\{X_j Y_i\right\}}{P\left\{X_j\right\}P\left\{Y_i\right\}}=\frac{P\left\{Y_i \middle| X_j\right\}}{P\left\{Y_i\right\}}=\frac{P\left\{X_j \middle| Y_i\right\}}{P\left\{X_j\right\}}\propto P\left\{Y_i \middle| X_j\right\}\propto P\left\{X_j \middle| Y_i\right\}$$

进一步构造另一形式的 Y 与 X 的相关指标

$$\frac{\left|P\left\{X_j Y_i\right\}-P\left\{X_j\right\}P\left\{Y_i\right\}\right|}{P\left\{X_j\right\}P\left\{Y_i\right\}}=\left|\frac{P\left\{X_j Y_i\right\}}{P\left\{X_j\right\}P\left\{Y_i\right\}}-1\right|$$

可以构造反映变量相关的指标。可以清楚看出，相关系数对于两个事件是对称的，X 与 Y，和 Y 与 X 并无差别；对于两个随机变量也同样。变量相关指标是事件（变量值）相关指标的加权平均

$$\chi^2=\sum_{i,j}\left(\frac{P_{ij}-P_iP_j}{P_iP_j}\right)^2=P_iP_j$$

对于因变量、自变量皆为分类变量而言，这样构造的相关指标不仅逻辑上是成立的，而且具有可行性。列联分析里采用的就是这样的统计量指标。然而，对因变量为数值变量的场合，如方差分析，因数值变量值很多，则应改比较条件概率为比较条件均值，定义统计量

$$F=\frac{\text{平均组间差}}{\text{平均组内差}}=\frac{\text{组间平方和}/(L-1)}{\text{组内平方和}/(n_h-1)L}$$

并以

$$F\geqslant F_\alpha(L-1,n-L)$$

为模型检验标准。其中，n 仍然表示样本量；L 表示组数，与分层抽样中的层数含义相当。

$$\text{平均组间差}=\frac{1}{L-1}\sum_{h=1}^{L}\left(\overline{y}_h-\overline{y}\right)^2$$

$$平均组内差 = \frac{1}{(n_h - 1)L}\sum_{h=1}^{L}\sum_{i=1}^{n_h}(y_{hi} - \overline{y}_h)^2$$

$$组间平方和 = \sum_{h=1}^{L}(\overline{y}_h - \overline{y})^2$$

$$组内平方和 = \sum_{h=1}^{L}\sum_{i=1}^{n_h}(y_{hi} - \overline{y}_h)^2$$

注意有时人们也用另一个统计量

$$\Lambda = \frac{组间平方和}{组内平方和 + 组间平方和}$$

反映分类变量与数值变量的相关关系。一般情况下，Λ 与 F 之间存在正比关系。

当因变量为分类变量，自变量为数值变量时，一是不允许估计均值；二是因自变量取值较多，不可能估计那么多的条件概率，怎么办呢？

注意下式

$$P\{Y_i | X_j\} = \frac{P\{X_j Y_i\}}{P\{X_j\}} = \frac{P\{X_j | Y_i\}P\{Y_i\}}{P\{X_j\}} = \frac{P\{Y_i\}}{P\{X_j\}}P\{X_j | Y_i\}$$

这意味着

$$P\{Y_i | X_j\} \propto P\{X_j | Y_i\}$$

两个事件的条件概率彼此成正比，相应地两个变量的条件概率彼此成正比，而条件均值是条件概率求期望的结果，所以当因变量为分类变量，自变量为数值变量时，既不去直接比较因变量的条件概率，也不去直接比较因变量的条件均值，相反去比较自变量的条件均值。

这就是判别分析解决问题的逻辑。因此在这一场合下，样本量确定仍沿用方差分析的途径和路线，唯一不同的是，不同于方差分析，判别分析是自变量以因变量值为条件的总体条件均值为估计对象。

总的来说，因果关系类统计模型本质上是条件均值或条件比例形式的统计函数，建模过程就是利用一些工具找到这些函数，表 6-3 是四种场合所使用的统计量工具。

表 6-3　因果关系类统计建模的统计量

自变量	因变量	
	分类型	数值型
分类型	χ^2 系列	Λ 系列
数值型	Λ 系列	Pearson 相关系数系列

从统计量角度看，不同的统计量反映了解决问题的不同逻辑。检查表 6-3 中

内容可以发现，只有 Pearson（皮尔逊）相关系数系列尚未提及，其对应场合的独特之处在于因变量与自变量皆为数值变量，这样无法移植列联分析、方差分析和判别分析的任何一种方法进行样本量确定，必须另想办法。

如何刻画因变量与自变量皆为数值变量的相关关系？基本原理是通过两个随机变量变化趋势的一致性程度来反映其线性相关关系。考虑极端情况，如果 X 与 Y 完全线性相关，因变量自然可以被自变量线性表出：$Y=\beta_0+\beta X$。

对于一个值，是

$$Y_i=\beta_0+\beta X_i$$

对于均值，则是

$$\bar{Y}=\beta_0+\beta\bar{X}$$

其离差为

$$Y_i-\bar{Y}=\beta\left(X_i-\bar{X}\right)$$

或

$$Y_i-\bar{Y}=\beta\left(X_i-\bar{X}\right)$$

离差两端同乘 $X_i-\bar{X}$，有

$$\left(Y_i-\bar{Y}\right)\left(X_i-\bar{X}\right)=\beta\left(X_i-\bar{X}\right)^2$$

离差的和则为

$$\sum_{i=1}^{n}\left(Y_i-\bar{Y}\right)\left(X_i-\bar{X}\right)=\beta\sum_{i=1}^{n}\left(X_i-\bar{X}\right)^2$$

注意斜率 β 是固定的，由于

$$\sum_{i=1}^{n}\left(X_i-\bar{X}\right)^2\geqslant 0$$

所以 $\sum_{i=1}^{n}\left(Y_i-\bar{Y}\right)\left(X_i-\bar{X}\right)$ 的符号与斜率 β 一致。为了消除量纲的影响，两个变量都实施标准化变换：

$$\frac{X_i-\bar{X}}{\sigma_x}$$

$$\frac{Y_i-\bar{Y}}{\sigma_y}$$

为进一步消除 n 的大小影响，最后定义

$$r=\frac{1}{n}\sum_{i=1}^{n}\left(\frac{X_i-\bar{X}}{\sigma_x}\right)\left(\frac{Y_i-\bar{Y}}{\sigma_y}\right)$$

易见 $r=\beta\frac{\sigma_x}{\sigma_y}$，即 $r\propto\beta$。

因此 r 可以很好地反映两个随机变量变化趋势的方向与紧密程度，这就是著名的 Pearson 相关系数。其正值表示两个随机变量同向变化，负值表示两个随机变量逆向变化。绝对值则表示两者变化趋势的紧密程度。回归分析中斜率 β 称为回归系数，其意义是条件均值。整个回归分析以估计回归系数为核心内容，但既然它与相关系数成正比，所以回归分析的样本量确定可以改为以总体 Pearson 相关系数为估计对象。很明显，其他条件不变时，$r \propto \beta$ 意味着两者是一一对应关系。

固然可以用所谓 Delta 方法[①]构造 r 的置信区间，然而可以证明：如果首先构造函数 $\theta = f(r)$ 的置信区间，然后利用逆函数 f^{-1} 可以得到 r 的更精确的置信区间。这个方法由费雪（Fisher）提出，具体做法如下：定义 f 和其逆函数

$$z = f(r) = \frac{1}{2}\left[\log(1+r) - \log(1-r)\right]$$

$$r = f^{-1}(z) = \frac{e^{2z} - 1}{e^{2z} + 1}$$

由于在普通情形（即一个变量不能由另一变量线性表出）下，$(Y_i - \bar{Y})(X_i - \bar{X})$ 对于不同的 i 其符号未必一致，所以 $\sum_{i=1}^{n}(Y_i - \bar{Y})(X_i - \bar{X})$ 可以看作各项求和正负相抵后的整体结果，因此 r 是一个可以推广到普通情形的反映线性相关关系的指标。

相关系数的近似置信区间确定步骤如下：

（1）计算

$$\hat{\theta} = f(\hat{r}) = \frac{1}{2}\left[\log(1+\hat{r}) - \log(1-\hat{r})\right]$$

（2）计算 $\hat{\theta}$ 的近似标准差，可以证明其值为

$$\widehat{\mathrm{se}}(\hat{\theta}) = \frac{1}{\sqrt{n-3}}$$

（3）$\theta = f(r)$ 的置信度为 $1-\alpha$ 的近似置信区间为

$$(a,b) \equiv \left(\hat{\theta} - \frac{z_{\alpha/2}}{\sqrt{n-3}}, \hat{\theta} + \frac{z_{\alpha/2}}{\sqrt{n-3}}\right)$$

（4）应用逆变换 $f^{-1}(z)$ 找出 r 的置信区间 $\left(\frac{e^{2a}-1}{e^{2a}+1}, \frac{e^{2b}-1}{e^{2b}+1}\right)$。

（5）若两个变量都服从正态分布，则 r=0 意味着独立，否则只意味着不相关而非独立。

注意绝对误差

① 即以导数绝对值与随机变量置信区间长度的乘积作为随机变量函数的置信区间长度。

$$\varepsilon = \frac{z_{\alpha/2}}{\sqrt{n-3}}$$

从中即可解出样本量

$$n = \frac{z_{\alpha/2}^2}{\varepsilon^2} + 3$$

不必担心这是基于反函数求出的样本量，注意只要准确估计了反函数就可以准确地估计函数，反之则反。真正需要关注的是，ε 是对

$$\theta = f(r) = \frac{1}{2}\left[\log(1+r) - \log(1-r)\right]$$

而言的，但控制目标应是针对相关系数 r 的，相应的因变量确定可以通过虽繁不难的基于类似预估值的试算，由 r 的绝对误差限转为 $f(r)$ 的绝对误差限

$$\Delta\theta = f'(r)\Delta r = \left(\frac{1}{1-r^2}\right)\Delta r$$

而得到。比较难处理的是要对 r^2 进行预估。也可利用

$$\Delta r = \left(1-r^2\right)\Delta\theta \leqslant \Delta\theta$$

的性质，直接规定 $\Delta\theta$ 作为 r 的最大误差限。

有些场合，模型估计所需样本量也可用比估计与回归估计的抽样误差，结合使用设计效应得到。注意这里的 ρ^2 是总体相关系数，上面公式右边的 r^2 是样本相关系数，如此是为了与比估计的总体比例 R 相应的样本比例 r 相区分。

对于回归估计，

$$V\left(\bar{y}_{lr}\right) \approx \frac{1-f}{n} S_y^2 \left(1-\rho^2\right)$$

$$\text{deff} \approx 1-\rho^2$$

先按简单随机抽样确定初始样本量，然后根据试调查或预调查求出 deff，最后初始样本量与 deff 的乘积作为最终样本量。

对于比估计，

$$V\left(\bar{y}_{lr}\right) \approx \frac{1-f}{n}\left(S_y^2 + R^2 S_x^2 - 2R\rho S_y S_x\right)$$

$$\text{deff} \approx \frac{S_y^2 + R^2 S_x^2 - 2R\rho S_y S_x}{S_y^2}$$

步骤是一样的。

其他模型的样本量确定如下。

聚类分析模型应该采用总体分布估计的样本量确定方法，前提是先确定聚类的类数，这在快速聚类分析中不是问题，但在谱系聚类分析中，类数的确定是后置动作，比较难处理，应该采用预调查预处理辅以保守原则的途径获得大致的类数，再行定夺，将类数当作直方图或柱状图的直方数或柱数（统称为宾数，英语

bin 之数）。但不同于非模型的场合，模型构建很多时候是先有数据，样本量确定可与设计效应 deff 结合，作为假设检验或估计误差的手段。

主成分分析模型和因子分析模型，涉及若干个相关系数，可以采用相关系数估计的样本量确定公式，可以对筛选出的几个“新”变量其因子载荷（相关系数）进行模拟估计，确定相应的样本量，而后依据保守原则择其大者。

至于典型相关分析模型，本身即是变换后的变量（典型相关变量对）之间的相关系数，故可直接套用相关系数估计的样本量确定公式。

至于时间序列分析模型，在平稳性假设之下，只不过是纵向数据平面化，模型的残差项服从零均值正态分布，所以本质上是方差估计，其样本量确定公式可参照方差估计的。